GEOSYNCHRONOUS SYNTHETIC
APERTURE RADAR SIGNAL
PROCESSING AND SIMULATION

地球同步轨道合成孔径雷达信号处理与仿真

李德鑫　董臻　余安喜★著

国防科技大学出版社

·长沙·

图书在版编目（CIP）数据

　　地球同步轨道合成孔径雷达信号处理与仿真/李德鑫，董臻，余安喜著. —长沙：国防科技大学出版社，2023.9
　　ISBN 978 - 7 - 5673 - 0612 - 7

　　Ⅰ.①地…　Ⅱ.①李…②董…③余…　Ⅲ.①同步轨道—合成孔径雷达—雷达信号处理—研究　Ⅳ.①TN957.51

　　中国国家版本馆 CIP 数据核字（2023）第 165572 号

地球同步轨道合成孔径雷达信号处理与仿真
DIQIU TONGBU GUIDAO HECHENG KONGJING LEIDA XINHAO CHULI YU FANGZHEN
李德鑫　董　臻　余安喜　著

责任编辑：刘璟珺　朱哲婧
责任校对：童爱霞

出版发行：国防科技大学出版社	地　　址：长沙市开福区德雅路 109 号
邮政编码：410073	电　　话：(0731) 87028022
印　　制：国防科技大学印刷厂	开　　本：710×1000　1/16
印　　张：11.25	插　　页：8 页
字　　数：220 千字	
版　　次：2023 年 9 月第 1 版	印　　次：2023 年 9 月第 1 次
书　　号：ISBN 978 - 7 - 5673 - 0612 - 7	
定　　价：64.00 元	

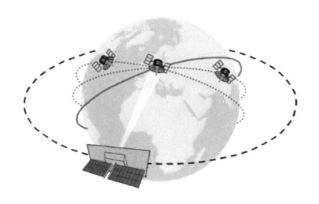

收发分置 GEO-LEO SAR 概念系统示意图(图 1.1)

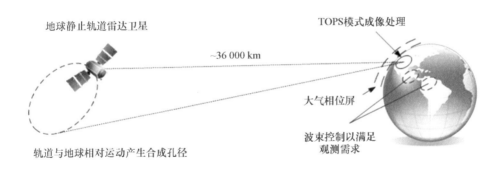

拉普拉斯平面 GEO SAR 概念系统示意图(图 1.3)

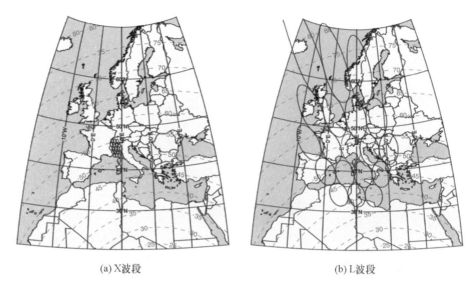

(a) X波段   (b) L波段

拉普拉斯平面 GEO SAR 概念系统波束足迹示意图(图 1.4)

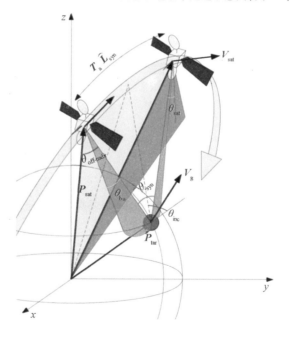

GEO SAR 成像几何(图 2.1)

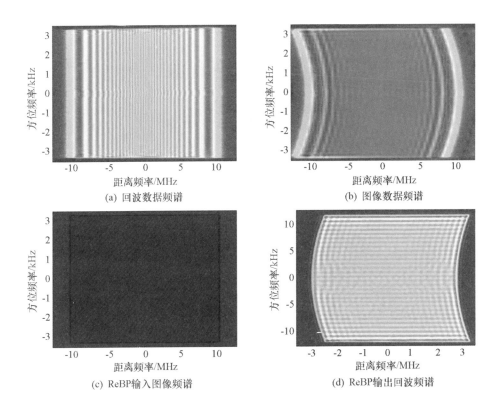

(a) 回波数据频谱

(b) 图像数据频谱

(c) ReBP输入图像频谱

(d) ReBP输出回波频谱

ReBP 算法频谱特性(图 3.3)

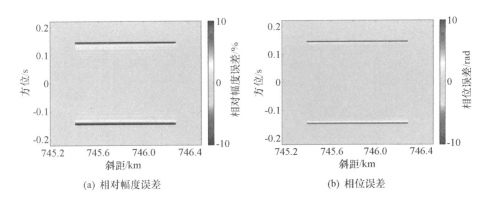

(a) 相对幅度误差

(b) 相位误差

LEO SAR 情况下逆向 CS 和 ReBP 算法生成回波数据对比(图 3.5)

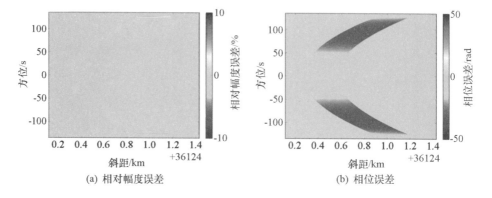

(a) 相对幅度误差

(b) 相位误差

GEO SAR 情况下逆向 CS 和 ReBP 算法生成回波数据对比 (图 3.6)

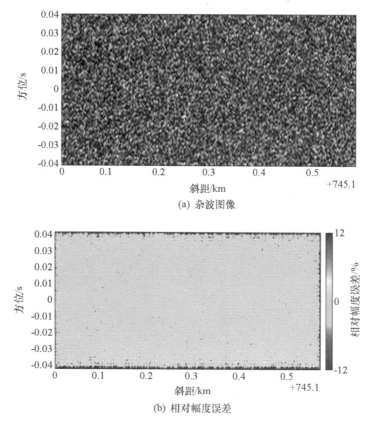

(a) 杂波图像

(b) 相对幅度误差

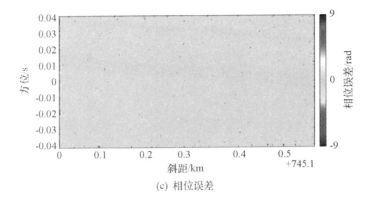

(c) 相位误差

高斯杂波仿真验证(图 3.9)

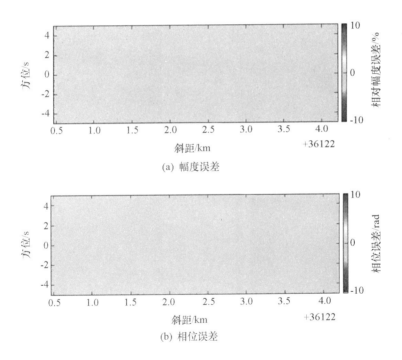

(a) 幅度误差

(b) 相位误差

Sentinel - 1 图像和重聚焦图像的相对幅度和相位误差(图 3.11)

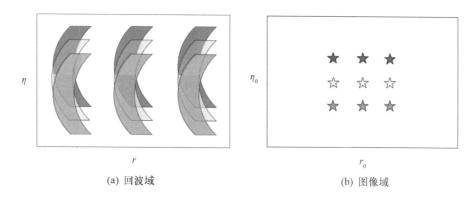

(a) 回波域

(b) 图像域

SAR 成像中的回波域与图像域(图 4.1)

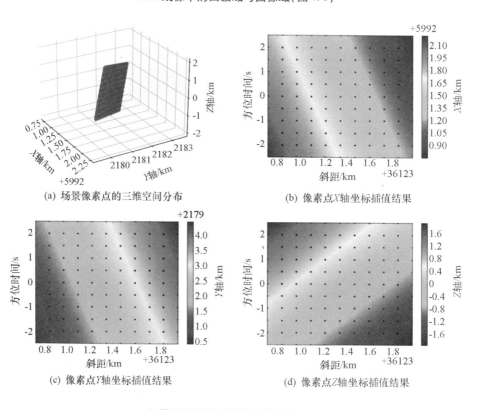

(a) 场景像素点的三维空间分布

(b) 像素点X轴坐标插值结果

(c) 像素点Y轴坐标插值结果

(d) 像素点Z轴坐标插值结果

场景坐标插值计算示意图(图 4.12)

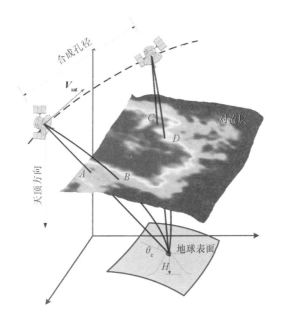

对流层传播延迟模型(图5.1)

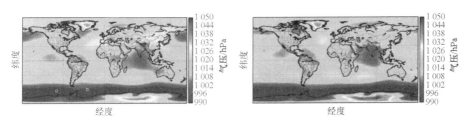

(a) 气压分布图 (左为1989年2月11日数据,右为1989年10月8日数据)

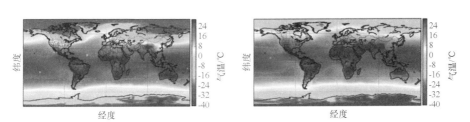

(b) 气温分布图 (左为1989年2月11日数据,右为1989年10月8日数据)

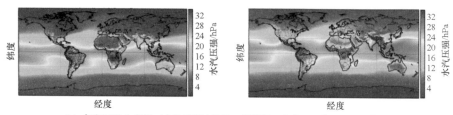

(c) 水汽压强分布图（左为1989年2月11日数据，右为1989年10月8日数据）

基于 GPT2w 模型的气象参数全球分布示例（图 5.3）

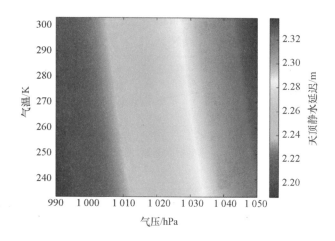

基于 Saastamoinen 模型的 ZHD 随气压和气温的变化（图 5.4）

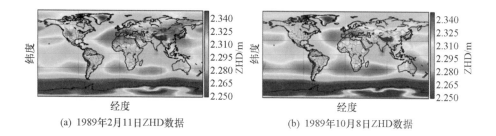

(a) 1989年2月11日ZHD数据　　　　　　　　(b) 1989年10月8日ZHD数据

基于 Saastamoinen 模型的全球 ZHD 分布图（图 5.5）

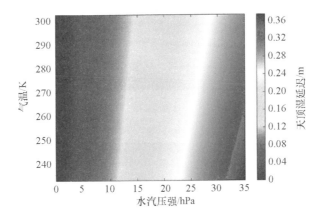

Askne 模型 ZWD 随气温和水汽压强变化示意图 (图 5.6)

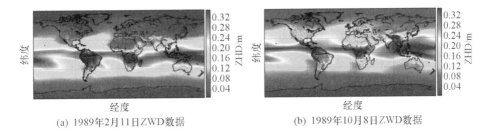

(a) 1989年2月11日ZWD数据   (b) 1989年10月8日ZWD数据

基于 Askne 模型的全球 ZWD 分布示意图 (图 5.7)

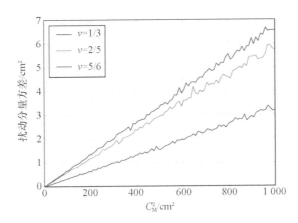

Matérn 模型下对流层延迟扰动分量方差随参数 C_M^2 的变化关系 (图 5.10)

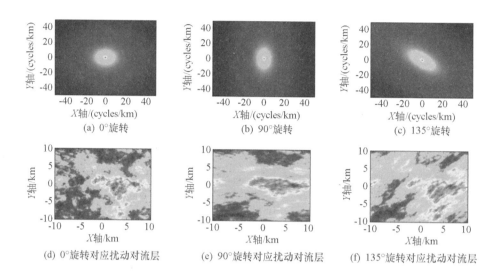

(a) 0°旋转　　　　　　　(b) 90°旋转　　　　　　　(c) 135°旋转

(d) 0°旋转对应扰动对流层　　(e) 90°旋转对应扰动对流层　　(f) 135°旋转对应扰动对流层

功率谱密度函数的各向异性及其影响(图 5.11)

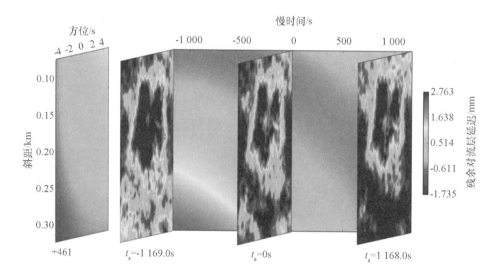

动态对流层变化示意图(图 5.12)

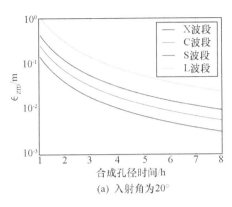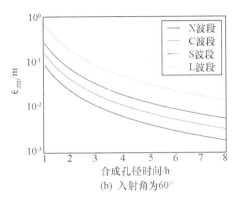

最大可容忍误差 ϵ_{ZTD} 变化曲线(图 5.16)

(a) 入射角为20°

(b) 入射角为60°

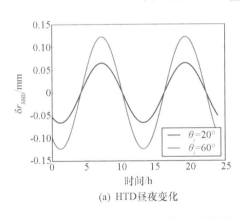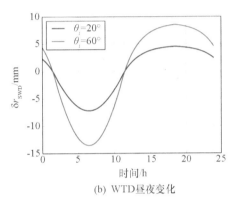

(a) HTD昼夜变化

(b) WTD昼夜变化

背景对流层延迟昼夜变化(图 5.17)

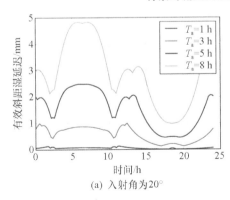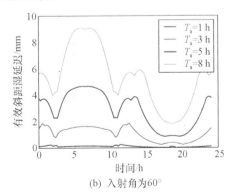

(a) 入射角为20°

(b) 入射角为60°

影响聚焦的背景对流层变化误差(图 5.18)

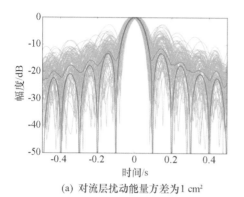

(a) 对流层扰动能量方差为1 cm²

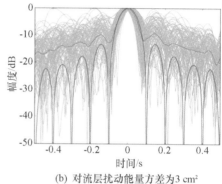

(b) 对流层扰动能量方差为3 cm²

L 波段 GEO SAR 系统下方位向脉冲响应的蒙特卡洛仿真（图 5.19）

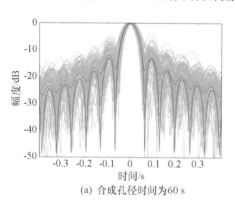

(a) 合成孔径时间为60 s

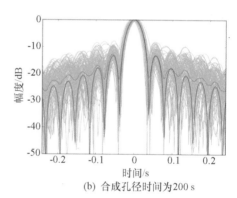

(b) 合成孔径时间为200 s

X 波段 GEO SAR 系统下方位向脉冲响应的蒙特卡洛仿真（图 5.20）

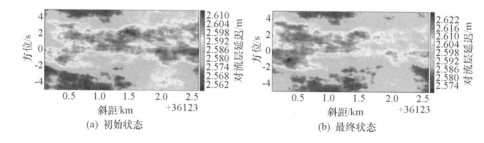

(a) 初始状态

(b) 最终状态

原始回波仿真中斜距对流层延迟的初始和最终状态（图 5.24）

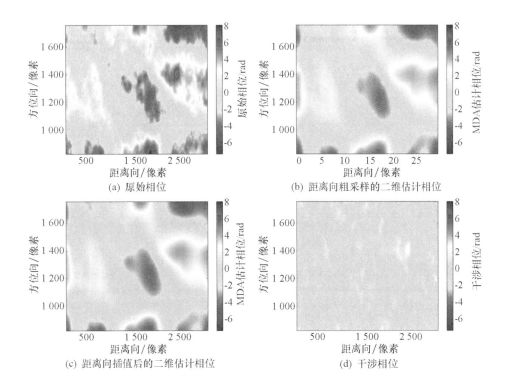

(a) 原始相位

(b) 距离向粗采样的二维估计相位

(c) 距离向插值后的二维估计相位

(d) 干涉相位

点目标仿真验证中的相位数据(图 7. 10)

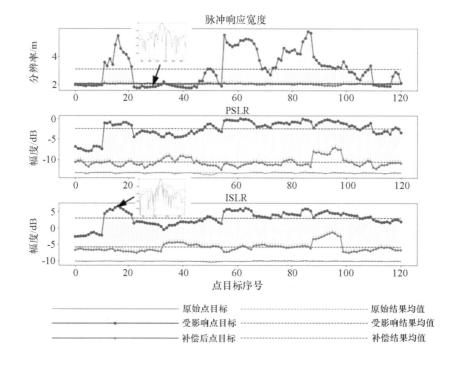

不同情况下方位脉冲响应的定量评估(图7.12)

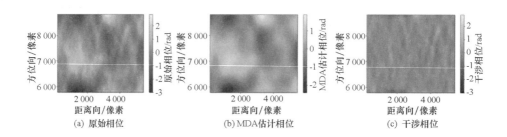

(a) 原始相位   (b) MDA估计相位   (c) 干涉相位

实际图像数据仿真中的相位信息(图7.13)

前　言

P R E F A C E

自 1978 年第一颗星载合成孔径雷达（synthetic aperture radar，SAR）Seasat 发射升空，星载 SAR 技术经过了 40 余年的发展。随着星载 SAR 在陆地测绘、海洋观测、灾害监测、军事侦察等方面的广泛应用，人们对其分辨力、测绘范围、重放周期、驻留时间等方面的能力提出了更高的要求，一些先进的星载 SAR 观测模式与系统也随之而出现。地球同步轨道（geosynchronous，GEO）SAR 是一种运行于地球同步轨道上的，通过为轨道设置特定的轨道倾角和偏心率，可以实现雷达与目标间的相对运动，进而可以运用合成孔径雷达原理对特定经纬度范围内的目标进行成像观测的 SAR 系统。其具有合成孔径时间长、测绘范围大、重放周期短、驻留时间长等特点。相比于传统的低轨 SAR 系统，GEO SAR 在自然灾害监测、动目标指示、干涉、差分干涉等方面具有巨大的潜在优势。然而，优势与挑战并存，GEO SAR 系统特殊的体制，使其在信号建模、成像处理、系统误差处理等方面明显有别于经典的星载 SAR 系统。作者团队自 2011 年开始 GEO SAR 相关的研究工作已十余年，希望通过本书使读者了解 GEO SAR 在系统建模、信号仿真、成像处理与误差补偿方面的特殊性，为推动我国在 GEO SAR 领域的发展尽绵薄之力。

本书在内容结构上共分为八章。第 1 章绪论部分首先介绍了 GEO

SAR 系统的概念、特点、典型系统、典型应用等，在此基础上讨论了
GEO SAR 系统的发展历史，国内外的研究现状与典型的 GEO SAR 系统。第 2 章 GEO SAR 几何与信号建模，在经典 LEO SAR 模型的基础上，考虑 GEO SAR 长合成孔径引入的轨道弯曲、宽测绘带引入的地面场景弯曲以及地球自转带来的影响，建立了高精度的成像几何模型与信号模型；在此基础上，对比 LEO SAR，对典型参数的求解方式进行改进，使结果更为准确；并引入了高阶信号模型，推导了回波信号的时、频域表达式，为后期的仿真与信号处理奠定基础。第 3 章基于 ReBP 算法的 GEO SAR 高精度快速回波仿真，介绍了经典 SAR 系统回波仿真的主要方法，提出了一种可适用于扩展目标的逆后向投影（reverse backprojection，ReBP）的高精度快速回波仿真方法，并考虑了几何空变误差、对流层传播误差、成像多模式情况下的回波仿真问题，最后通过实验验证了所提方法的准确性。第 4 章 GEO SAR 二维空变数据的建模与成像处理，介绍了经典 SAR 系统成像处理的主要方法，讨论了 GEO SAR 频域成像处理算法与时域成像处理算法，最后利用仿真的点阵目标与扩展目标回波数据，验证了算法的正确性。第 5 章 GEO SAR 对流层延迟效应建模与影响分析，将对流层延迟划分为确定性的背景分量和随机性的扰动分量，然后根据其与气象参数的相关性以及时变、空变特性，分别展开建模；在此基础上，通过蒙特卡洛仿真实验和 ReBP 回波仿真，分析了对流层延迟确定分量和随机分量对 GEO SAR 方位脉冲响应、成像结果的影响，实验结果验证了对流层模型及理论分析的准确性。第 6 章 GEO SAR 背景对流层影响补偿处理，在 GEO SAR 几何框架下，将背景对流层延迟误差划分为常量误差、空变误差与时变误差进行分析；考虑到背景对流层的缓变特性，提出了通过改进频域成像处理方法进行误差补偿的思路，通过点阵目标实验验证了所提方法的有效性。

第 7 章 GEO SAR 扰动对流层影响补偿处理，考虑到扰动对流层误差的随机性与二维空变特性，提出了通过自聚焦的方法对误差进行估计与补偿的思路；分析了典型的自聚焦方法的特点，选取了鲁棒性更好的图像偏移方法（mapdrift algorithm，MDA），提出了可实现二维空变随机误差估计与补偿的 block-MDA 方法；通过对扩展目标的仿真数据处理，验证了所提方法的有效性。第 8 章结束语部分对全书内容进行总结，并对未来 GEO SAR 技术的发展进行了展望。

在本书即将出版之际，我国陆地探测四号 01 星，作为世界首颗 GEO SAR 卫星，于 2023 年 8 月 21 日顺利进入工作轨道。GEO SAR 研究领域即将结束没有实测数据支撑的时代，进而开启新的历史篇章。谨以此书，致敬所有为 GEO SAR 研究发展做出贡献的科研工作者们！

最后，感谢德国宇航局高频与雷达研究所 Marc Rodriguez-Cassola、Pau Prats-Iraola、Alberto Moreira 在相关工作中给予的大力支持与帮助；感谢慕尼黑工业大学 Jürgen Detlefsen 教授、Thomas Eibert 教授给予的学术指导。在本书写作过程中，得到了张永胜、何峰、孙造宇、金光虎、何志华、张启雷、刘涛、宋晓骥等同志的帮助与支持，在此深表谢意。由于作者水平有限，书中难免存在错误与见解不当之处，恳请读者批评指正，并反馈至邮箱（lidexin@ nudt. edu. cn）。

作　者

2023 年 8 月于国防科技大学

CONTENTS **目 录**

第 3 章　基于 ReBP 算法的 GEO SAR 高精度快速回波仿真

第 4 章　GEO SAR 二维空变数据的建模与成像处理

第5章 GEO SAR 对流层延迟效应建模与影响分析

第6章 GEO SAR 背景对流层影响补偿处理

第 7 章　GEO SAR 扰动对流层影响补偿处理

第 8 章　结束语

第 1 章
绪　论

　　星载合成孔径雷达卫星是一种重要的天基微波遥感观测系统,可以全天候、全天时地获取地球表面微波图像数据。在地球测绘方面,星载 SAR 卫星也可以和光学卫星形成很好的互补。此外,随着极化 SAR (polarimetric SAR,PolSAR)、干涉 SAR (interferometric SAR,InSAR)、差分干涉 SAR(differential InSAR,DInSAR) 等技术的提出,星载 SAR 还可以生成更丰富的测绘信息,从而极大地拓展了星载 SAR 系统的应用。随着宽测绘、长驻留、短重放等要求的不断提高,以及星载 SAR 系统和信号处理技术的不断成熟,GEO SAR 已成为未来先进星载 SAR 发展的一个重要方向。本章首先介绍了 GEO SAR 系统的概念、特点、典型系统、典型应用等,然后在此基础上讨论了 GEO SAR 系统的发展历史,国内外的研究现状与典型的 GEO SAR 系统。

1.1 GEO SAR 系统概述

地球同步轨道合成孔径雷达是一种运行于地球同步轨道①，通过设置特定的轨道倾角（orbital inclination）和偏心率（eccentricity），可以实现雷达与目标间的相对运动，进而可以运用合成孔径雷达原理对特定经纬度范围内的目标进行成像观测的 SAR 系统。相比于传统的低轨道卫星②（low earth orbit，LEO）SAR，GEO SAR 超高的轨道高度使其具有以下四个方面的显著特征。

（1）轨道形状：通过设定不同的轨道根数，GEO SAR 的星下点（subsatellite point）轨迹可以获得某些特殊的形状，如"8"字形（geosynchronous SAR）[1]，"O"字形（GEO cycle SAR）[2]，"一"字形（geostationary SAR）[3]。

（2）观测范围：地球同步轨道卫星的公转角速度约等于地球自转角速度，这使得 GEO SAR 的观测范围分布于特定经纬度范围之内。其中，经度以卫星的升交点赤经（right ascension of ascending node，RAAN）为中心，纬度以赤道为中心，经纬跨度取决于卫星的轨道倾角与偏心率。

（3）重访周期及驻留时间：GEO SAR 的公转周期为一个地球日，且每天的星下点位置完全重合；观测区域内目标的重访周期为 24 h、12 h，甚至 6 h；超高的轨道使 GEO SAR 的目标驻留时间为十几分钟甚至数小时。

（4）合成孔径时间：超远的雷达 – 目标斜距使得波束在方位向具有更宽的覆盖范围，且由于地面波束足迹③移动较慢，其合成孔径时间为几十秒至数小时；通过调整天线姿态或扫描方式，如以聚束或凝视模式进行观测，则可以获得更长的合成孔径时间。

GEO SAR 可广泛应用于地球观测、自然灾害监测、动目标指示（ground moving target indication，GMTI）、干涉、差分干涉等方面。由于重访时间短，GEO SAR 可以获得超高时间分辨的地表观测结果，进而显著提升在干涉、差

---

① 地球同步轨道卫星的轨道高度约为 36 000 km。

② 低轨道卫星的轨道高度小于 1 000 km。

③ 卫星与地心连线在地表的投影点，受卫星公转和地球自转两个因素的影响。一般情况下，LEO SAR 波束足迹速度更快，约在 1 km/s 量级；GEO SAR 波束足迹速度较慢，约在 10~100 m/s 量级。

分干涉方面的性能。利用高轨道优势，GEO SAR 可以充当照射源，与 LEO、机载 SAR 组成星座，通过收发分置工作模式，从多个角度对地面进行观测。此外，驻留时间长的特点使 GEO SAR 能够长时间对感兴趣的目标进行观测，从而可用于目标侦察监视，以及动目标指示等。

GEO SAR 巨大的潜在应用价值同样对其系统实现带来了技术上的严峻挑战，主要可以分为两个层面：一是系统设计层面，包括轨道的选取，典型系统参数的设定等。由于 GEO SAR 成像几何的时空变特性，相应的系统参数也会随时间而变化，因此，GEO SAR 的系统设计可以抽象为多约束条件下的动态优化问题。二是信号处理层面，包括 GEO SAR 回波信号的仿真、成像处理、传播与系统误差影响、三维空变影响、目标微动和轨道扰动影响等。本书结合现有研究成果，主要关注于信号处理层面所面临的问题，如 GEO SAR 的几何建模与信号建模、高精度回波仿真、成像处理、对流层延迟效应建模与影响分析、背景对流层影响补偿、扰动对流层影响补偿等。

GEO SAR 是未来先进星载 SAR 系统重点发展方向之一，开展信号处理和仿真技术研究可以为 GEO SAR 系统实现与应用提供重要的理论支撑和指导建议；其中所涉及的高精度高效率回波仿真、二维空变成像处理、大气层传播方面的研究也可以为其他先进星载 SAR 系统所借鉴。

1.2 GEO SAR 发展状况

1.2.1 国外发展过程

1978 年，Tomiyasu 首次提出了 GEO SAR 的概念，指出 GEO SAR 可用于地形测绘、水资源管理、土壤湿度监测等，并进一步分析了轨道倾角和偏心率对 GEO SAR 星下点轨迹的影响。在此基础上，设计了一个轨道倾角为 1°，偏心率为 0.009 的近似地球静止轨道的 SAR 系统[4]。

1983 年，Tomiyasu 和 Pacelli 进一步研究了 GEO SAR 轨道的特点，提出了一种轨道倾角为 50°的大倾角圆轨道 GEO SAR 概念系统。相比于近零倾角 GEO SAR，该系统具有典型的"8"字形轨迹，卫星与场景的相对运动速度更大，合成孔径时间相对减小。以上特点使该 GEO SAR 系统具有更大的观测覆盖能力，能够在 3 h 内实现对美国本土 100 m 分辨率的连续测绘。此外，其详细对比了 LEO SAR 与 GEO SAR 系统的测绘能力、工作模式、系统参数等[1]。

1998 年，Prati 提出了一种被动双站 GEO SAR 概念系统。该系统以 L 波段地球同步轨道数字电视广播卫星为发射源，将接收天线放置于一个具有微小轨道倾角的卫星上，以此产生一个南北向约 2 m/s 的相对运动，从而形成合成孔径。此外，文章还研究了这一系统所面临的信号处理、数据链路、技术可行性等方面的问题[5]。

2001 年，Madsen 等人重点研究了 GEO SAR 系统在短重访周期方面的潜在应用，分析了其在洪水、大火、塌方、飓风、地震等自然灾害监测方面的巨大优势。通过采用较长的波长，GEO SAR 可以穿透地表植被，近乎实时地检测洪水或暴雨引起的水体边界变化；通过干涉处理，可以及时地监测由地震、火山喷发、泥石流、大火引起的地表形变。此外，GEO SAR 系统还可用于检测地表植被和土壤湿度的变化，为全球碳循环和水循环的研究提供重要的数据支撑。根据相关应用需求，进一步设计了 GEO SAR 系统参数、测绘覆盖范围和工作模式等[6]。

在此之后，GEO SAR 系统巨大的潜在应用价值得到了相关领域研究学者的广泛关注，一些著名的科研机构相继开展了各方面的研究。下文对这些机构及其在相关领域做出的贡献进行概括介绍。

美国宇航局喷气推进实验室提出了全球地震卫星系统（global earthquake satellite system，GESS），其部分参数如表 1.1 所示。

表 1.1　GESS 概念系统典型轨道与雷达参数

参数	数值	参数	数值
高度/km	35 788	轨道倾角/（°）	60
轨道重复周期/天	1	脉冲重复率（PRF）/Hz	125～250
载频/GHz	1.25	带宽（瞬时/总带宽）/MHz	10/85
天线尺度/m	30	峰值功率/kW	60
脉冲宽度/ms	1	入射角/（°）	10.6～66.4

该系统计划发射 10 颗轨道倾角为 60° 的 GEO SAR 卫星，通过两两组成星座，分别对全球不同经度范围内的地震活动进行监测。该系统的显著特点是可以对地面目标实现短时间重访，其瞬时观测可覆盖全球 23% 的地表区域，仅有部分区域的重访周期超过两个小时。GESS 系统具有及时应对全球突发事件的能力，可以在 10 min 内实现对特定区域 20 m 分辨率的成像观测。通过进一步对所获取的图像进行差分干涉处理，可以在 24～36 h 内实现毫米级的三维形变测量，从而显著提高全球岩石圈的形变观测能力[7]。

德国宇航局提出了一种收发分置的 GEO-LEO SAR 概念系统，如图 1.1 所示（见彩插）。该系统将一个近似地球静止轨道卫星（35 850 km）作为发射源，通过数个编队飞行的低轨卫星（400 km）进行接收。该系统通过单发多收的方式减小

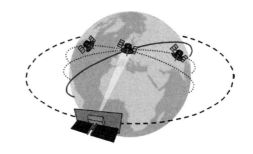

图 1.1　收发分置 GEO-LEO SAR 概念系统示意图

了重访时间，提供了一种廉价而有效的解决频率控制问题的方法。此外，该系统的照射源还可以与接收卫星组成紧凑的编队飞行模式，从而实现对敏感区域短时高频次的观测[8]。

俄罗斯自然科学院 Verba 等人提出了星载地球监测雷达系统，如图 1.2 所示。该系统包括了多颗低轨、地球静止轨道、地球同步轨道卫星，并且提出了利用核燃料为 GEO SAR 系统供能的方案，以实现多种观测模式；此外，GEO SAR 卫星也可以作为发射源，通过多颗编组的小卫星进行接收，实现收发分置观测[9]。

图 1.2　俄罗斯星载地球监测雷达系统示意图

克兰菲尔德大学空间研究中心的 Hobbs 教授主要针对 GEO SAR 的系统设计和大气层传播影响、地表目标微动影响等问题展开了研究[10-12]。文献 [10] 分析了噪声、地球表面周期性形变（solid earth tides）、对流层和电离层随时间变化等时间去相关因素对于 GEO SAR 图像的影响。该团队提出了一种运行于地球拉普拉斯轨道面（轨道倾角约为 7.5°）的 GEO SAR 概念系统[12-13]。研究报告中可以看出，该系统希望通过成像以及干涉处理，将 GEO SAR 数据应用于火山喷发、地震、洪水、山体滑坡、油田沉降监测，以及大气相位屏 – 数字天气预报，水文监测，农业监测，城市化控制，森林砍伐控制等方面。该系统拟采用星座模式实现全球覆盖观测，整个系统的设计寿命为 50 a，其中每颗卫星的服役时间约为 20 ~ 30 a。为了满足长时间服役需求，其采用自由漂移（drift free）的轨道工作模式，以减小轨道控制的能量消耗；进一步通过轨道设计，使卫星运行于地球拉普拉斯轨道面，从而降低太阳和月亮引力及其他因素引入的轨道摄动，其系统示意如图 1.3 所示（见彩插）。为满足不同分辨率及观测时间的需求，该系统设计了 X 和 L 两个工作波段，系统参数如表 1.2 所示，相应的波束足迹如图 1.4 所示（见彩插）。

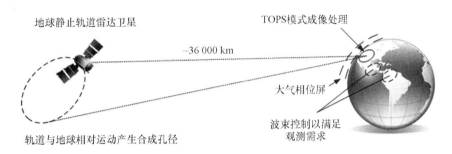

图 1.3　拉普拉斯平面 GEO SAR 概念系统示意图

表 1.2　拉普拉斯平面 GEO SAR 概念系统典型参数

波段	载频/GHz	增益/dB	带宽/MHz	分辨率/m	天线尺度/m
X 波段	9.515	41.80	30	10 ~ 200	13
L 波段	1.217 5	59.64	5	100 ~ 2 000	13

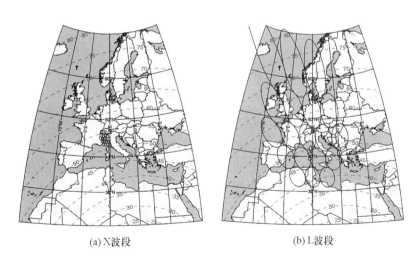

(a) X 波段　　　　　(b) L 波段

图 1.4　拉普拉斯平面 GEO SAR 概念系统波束足迹示意图

米兰理工大学和加泰罗尼亚理工大学的 Broquetas 教授和 Guarnieri 教授，主要针对近零轨道倾角的 GEO SAR 系统开展了联合攻关。从 GEO SAR 在干涉和差分干涉方面的潜在应用出发，研究了场景、对流层、杂波等去相关因素的影响[14-17]，并提出了相应的概念系统[3,5,18-22]。Guarnieri 教授开展了欧洲空间局用于地形与大气观测的短重访周期 GEO SAR 预研项目（GeoSTARe）[23]。该项目拟通过将载荷放置于通信卫星或者具有近零轨道倾角的微型卫星上，以实现大气测量、森林保护，以及地震、山体滑坡、火山喷发等地质灾害的监测，其概念系统如图 1.5 所示，部分的系统设计参数如表 1.3 所示。在应用方面，该系统通过 SAR 干涉处理，可以在每 15 min 内生成一幅 1 km × 1 km 分辨率的区域大气水汽分布图；地面土壤湿度测量可用于支持数字天气预报；快速地表形态变化测量可用于洪水、山体滑坡、地震、泥石流等自然灾害的观测和影响评估；GEO SAR 差分干涉可用于特殊地形结构稳定度检测，如大坝、矿井和城市建筑等。根据应用的不同，该系统可以采用不同的频段组合（L + X 波段或 C + X 波段）、带宽和观测模式。例如，在粗观测模式下，可通过 30 min 合成孔径积累获得方位向 150 m 分辨率的观测结果；而精细观测模式则可通过 8 h 全孔径观测获得方位向 10 m 分辨率的观测结果。此外，该研究团队还提出了被动式 GEO SAR 概念系统[5]、近零轨道倾角 GEO SAR 系统[3]、先进雷达地球同步轨道观测系统[22]等，在此不一一赘述。

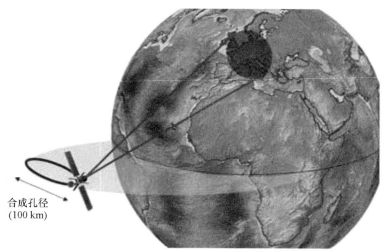

合成孔径
(100 km)

图 1.5 GeoSTARe 概念系统示意图

表 1.3　GeoSTARe 概念系统典型参数

参数	X 波段	C 波段	L 波段
地距分辨率/m	4.5	10	150
方位粗分辨/m	200	340	1 500
方位精细分辨/m	6.5	10	50
测绘宽度（方位×距离）/（km×km）	200×500	350×650	1 500×3 000
平均功率/W	250	430	500
天线尺度/m	6	6	6
噪声等效后向散射系数/dB	−20	−24	−26
信噪比/dB	6	10	6

1.2.2　国内发展过程

国内方面，中国空间技术研究院、中国科学院电子所、北京理工大学、北京航空航天大学、西安电子科技大学、南京信息工程大学、国防科技大学、电子科技大学、哈尔滨工业大学等相关科研院所，也针对 GEO SAR 开展了大量的研究工作，并取得了显著成果。

研究初期，李财品、寇雷蕾、胡程等人研究了 GEO SAR 的系统性能、典型的轨道和雷达特性，包括卫星星下点轨迹、多普勒历程、合成孔径时间、分辨率等[24-31]。在此基础上，初步研究了 GEO SAR 的成像处理问题，采用了线性轨道模型或改进的线性轨道模型，成像过程中考虑了点目标的聚焦以及距离向的空变问题。以上成果使研究人员对 GEO SAR 系统的优势与技术难点有了系统性的认识，对于国内 GEO SAR 领域的发展具有十分重要的意义。

2011 年，Bao 等人首次将泰勒展开模型和级数反演方法引入 GEO SAR 成像研究中，解决了线性轨道模型精度不够的问题，实现了长合成孔径时间下点目标回波数据的成像处理[32]。随后，Bao、Hu 等人发展了泰勒展开模型在 GEO SAR 成像过程中的应用，通过结合经典的距离多普勒（range doppler，RD）、调频尺度变换（chirp scaling，CS）、波方程（ωK）等算法，提出了可用于补偿距离空变的改进算法[31-33]。而随着研究的进一步深入，人们开始考虑更长合成孔径时间的应用，由于地球自转与弯曲轨迹的影响，数据的方位向空变成为了 GEO SAR 成像面临的又一个问题。Sun、Li、Hu 等人分别通过划分子孔径、多次方位向 CS（azimuth CS，ACS）和广义的 ωK 方法实现了方位空变的补偿[34-36]。

　　在此基础上，GEO SAR 系统中各类误差因素的影响分析与补偿、GEO SAR 系统的典型应用等方面的研究也相继展开。Kou 等人进行了圆轨迹 GEO SAR 三维地表形变干涉测量的仿真实验，并分析了电磁波传播过程中对流层和电离层对其的影响[2,37-38]。Jiang 等人分析了轨道扰动对于 GEO SAR 成像的影响，并得出径向轨道扰动误差应控制在厘米量级以内的结论[39]。Sun 等人提出了一种 GEO 星载 – 机载收发分置 SAR，并进行了详细的系统设计与性能分析[40]。相比于单站 GEO SAR 系统，该系统在较低的系统复杂度下，可以获得更好的空间分辨率与信噪比。Hu、Dong 等人分析了电离层的影响，并利用北斗卫星信号开展了相关的实验[41-42]。考虑到 GEO SAR 系统中信号带宽和合成孔径时间在轨道不同位置处的变化，Chen 等人提出了一种 GEO SAR 参数优化模型，该模型可以减弱系统设计过程中带宽与合成孔径时间变化带来的影响[43]。Li 研究了 GEO SAR 时序设计问题，考虑到长合成孔径时间下地球自转的影响和 GEO SAR 发射与接收间隔显著增长，以及"停 – 走 – 停"假设的影响，提出了一种新的时序设计方法，用于解决由于距离迁徙造成的回波信号丢失问题[44]。

　　GEO SAR 的研究已在多个方面展开，与此同时，一些先进的 LEO SAR 系统在新的技术方面也取得了较大进展，这些技术同样也可以应用到 GEO SAR 系统中，来支撑 GEO SAR 实际系统的研制与性能提升。例如，DLR 正在研制的 TanDEM-L 星载 SAR 卫星采用了抛物面反射天线与数字波束形成技术（digital beam forming，DBF）[45]，以及为解决雷达最小天线面积约束所采用的多通道、多维波形编码技术等[46]。

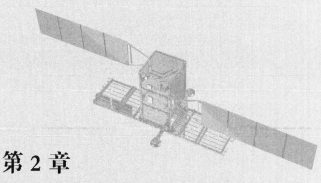

第 2 章
GEO SAR 几何与信号建模

　　随着星载 SAR 技术的发展，人类利用星载 SAR 进行地面观测取得了显著成果[47]。大量的遥感数据在地球测绘[48]、三维地形测绘[49-50]、地表形变检测[51-52]、全球温室效应[53-54]、全球碳循环水循环[55-56]等方面的研究中起到了举足轻重的作用。经典的SAR信号模型是建立在单站、直线轨迹、方位时不变等假设之上的，而对于一些特殊的情况（如机载的运动补偿[57]），则是在经典理论的基础上对模型进行适当的修正，以达到高精度信号处理的目的。为了建立更为精确的可用于 GEO、收发分置、超高分辨等 SAR 系统的信号模型，本章在 SAR 经典理论以及前人研究成果的基础上[57-63]，建立了高精度的成像几何模型与信号模型，并优化了部分系统参数的推导方式，以满足未来 GEO SAR 等系统的精度要求，为后续章节中准确实现 GEO SAR 信号仿真与处理奠定基础。

2.1 GEO SAR 几何关系

SAR 经典理论中的几何关系建立在直线轨迹假设之上[62]，这种几何关系在 GEO 等先进 SAR 系统的仿真建模中存在较大误差，因此需要采用更为精确的卫星轨道几何模型。本书以大轨道倾角的 GEO SAR 系统为例，建立了星载 SAR 弯曲轨迹几何结构，如图 2.1 所示（见彩插）。图中，黄色平面代表卫星轨道面，该平面中包含了卫星位置矢量 P_{sat} 和速度矢量 V_{sat}；P_{tar} 表示地球表面目标点的位置矢量；V_g 表示合成孔径中心时刻波束足迹在地球表面的移动速度；绿色平面表示卫星零多普勒面，该平面包含卫星位置矢量，与卫星轨道面、卫星速度矢量正交；θ_{sq} 表示雷达的斜视角，即雷达 – 目标矢量（$P_{sat} - P_{tar}$）与该平面的夹角；$\theta_{off-nadir}$ 表示雷达下视角，即卫星位置矢量与雷达 – 目标矢量的夹角；θ_{bw} 表示雷达波束张角；θ_{inc} 表示合成孔径中心时刻波束的地面入射角，即雷达 – 目标矢量与目标位置矢量的夹角；θ_{syn} 表示合成孔径角；T_a 表示合成孔径时间；$\hat{L}_{syn}$ 表示弧线合成孔径长度。以上所涉及的几何参数，将在后续章节中给出相对于经典 SAR 理论更为精确的推导过程和表达式。

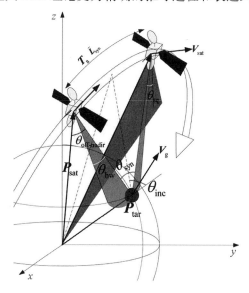

图 2.1　GEO SAR 成像几何

GEO SAR 高轨道、弯曲轨迹、大测绘带宽、长合成孔径时间等特点对 SAR 斜距模型的建立提出了较大挑战，相比于传统的 LEO SAR 系统，其斜距建模方面的不同点主要可以概括为三个方面。

（1）弯曲轨迹效应：由于较长的合成孔径时间，其卫星轨迹不能再近似为一条直线，而需要引入更高阶数的斜距模型，以精确表征弯曲轨迹。弯曲轨迹的直接影响就是，如果在成像过程中仍然使用基于线性轨迹模型的 RD 算法或 CS 算法等，就会在聚焦图像中引入一个一致的散焦相位误差。

（2）弯曲场景效应：由于较大的测绘带宽，地球表面不能再被近似为一个平面。在传统的 SAR 成像几何模型中，一个有效而简单的场景建模方法就是将地面视为平面，进而使点目标均匀地分布在场景之中。然后，通过坐标旋转矩阵建立起卫星坐标系与地面坐标系的联系，这个坐标旋转矩阵受天线姿态角、卫星的位置和速度矢量的影响。本书中，将采用一种更精确但效率稍低的建模方式来降低地面弯曲带来的影响。主要的思路是：根据卫星在不同时刻对应的轨道根数，计算其位置矢量与速度矢量，然后通过联合雷达天线波束中心指向方程与地球椭球模型，求解不同方位时刻与不同斜距下对应的场景中像素点的坐标。

（3）地球自转效应：在传统的 SAR 系统中，合成孔径时间仅有 $0.1 \sim 1$ s 量级，所以地球自转所带来的影响很微弱，可以忽略不计。但是，在 GEO SAR 系统中，合成孔径时间增加至几分钟甚至几个小时。这时，由于地球自转而引入的空变效应显著增强，其影响不能够再被忽略。如果采用传统的建模方法，需要通过一个时变的坐标旋转矩阵建立起卫星与场景的关系，这一时变性大大地降低了建模的效率。在本书中，针对不同的方位向时间，我们首先将卫星的参数转换到地球固定坐标系中。进一步结合弯曲场景效应，将卫星与场景的模型统一在地球固定坐标系的框架下。

基于以上三方面考虑，本书针对 GEO SAR 展开了系统而精确的建模。

2.1.1　卫星轨道模型

在忽略轨道摄动的影响下，本书采用二体轨道模型对卫星位置矢量和速度矢量进行建模[64]。根据卫星轨道参数，可以计算出地球惯性坐标系下的卫星绕地球转动的位置矢量与速度矢量为

$$\boldsymbol{P} = \left[\cos\Omega \cdot \cos w - \sin\Omega \cdot \sin w \cdot \cos\alpha, \right.$$

$$\sin\Omega \cdot \cos w + \cos\Omega \cdot \sin w \cdot \cos\alpha,$$
$$\sin w \cdot \sin\alpha]$$

$$Q = [-\cos\Omega \cdot \sin w - \sin\Omega \cdot \cos w \cdot \cos\alpha,$$
$$-\sin\Omega \cdot \sin w + \cos\Omega \cdot \cos w \cdot \cos\alpha,$$
$$\cos w \cdot \sin\alpha]$$

$$r = a \cdot \frac{1-e^2}{1+e\cdot\cos f}, \quad \mathrm{d}f = \frac{\sqrt{\mu\cdot a\cdot(1-e^2)}}{r^2}, \quad \mathrm{d}r = \frac{r^2\cdot e\cdot\sin f}{a\cdot(1-e^2)}\cdot\mathrm{d}f$$

$$\boldsymbol{P}_{\mathrm{sat,inertial}} = r\cdot\cos f\cdot\boldsymbol{P} + r\cdot\sin f\cdot\boldsymbol{Q} \tag{2.1}$$

$$\boldsymbol{V}_{\mathrm{sat,inertial}} = \mathrm{d}r\cdot[\cos f\cdot\boldsymbol{P} + \sin f\cdot\boldsymbol{Q}]$$
$$+ \mathrm{d}f\cdot[-r\cdot\sin f\cdot\boldsymbol{P} + r\cdot\cos f\cdot\boldsymbol{Q}] \tag{2.2}$$

其中，a，e，α，Ω，w，f 分别代表了卫星轨道的六个根数，即半长轴、偏心率、轨道倾角、升交点赤经、近地点幅角和真近点角。$\boldsymbol{P}_{\mathrm{sat,inertial}}$ 和 $\boldsymbol{V}_{\mathrm{sat,inertial}}$ 分别表示地球惯性坐标系下卫星的位置矢量与速度矢量，进一步通过坐标系旋转可以求得地球固定坐标系（ECEF）下的卫星位置矢量与速度矢量

$$\boldsymbol{P}_{\mathrm{sat,ECEF}} = \begin{bmatrix} \cos(\omega_e\cdot t) & \sin(\omega_e\cdot t) & 0 \\ -\sin(\omega_e\cdot t) & \cos(\omega_e\cdot t) & 0 \\ 0 & 0 & 1 \end{bmatrix} \cdot \boldsymbol{P}_{\mathrm{sat,inertial}} \tag{2.3}$$

$$\boldsymbol{V}_{\mathrm{sat,ECEF}} = \begin{bmatrix} -\sin(\omega_e\cdot t) & \cos(\omega_e\cdot t) & 0 \\ -\cos(\omega_e\cdot t) & -\sin(\omega_e\cdot t) & 0 \\ 0 & 0 & 0 \end{bmatrix} \cdot \omega_e \cdot \boldsymbol{P}_{\mathrm{sat,inertial}}$$

$$+ \begin{bmatrix} \cos(\omega_e\cdot t) & \sin(\omega_e\cdot t) & 0 \\ -\sin(\omega_e\cdot t) & \cos(\omega_e\cdot t) & 0 \\ 0 & 0 & 1 \end{bmatrix} \cdot \boldsymbol{V}_{\mathrm{sat,inertial}} \tag{2.4}$$

其中，ω_e 表示地球自转角速度，t 表示两个坐标系之间旋转的时间间隔。在后文中，如非特殊说明，卫星的位置与速度，均指地球固定坐标系下的坐标。

2.1.2 斜距模型

斜距模型在 SAR 信号处理中具有十分重要的作用，其反映了信号方位向和距离向之间的关系。在直线轨迹模型所确定的三角关系下，斜距可以近

似为[62]

$$R(\eta) = \sqrt{R_0^2 + V_r^2 \cdot \eta^2} \tag{2.5}$$

其中，R_0 表示最短斜距，V_r 表示等效速度，η 表示方位向时间。该模型在低分辨 LEO SAR 系统中得到了广泛的应用，而在 GEO SAR 等系统中，由于轨道的弯曲效应明显，因此需要更精确的斜距模型。本书在卫星与场景目标精确建模的基础上，逐卫星方位点计算了斜距的变化，然后沿方位向时间进行级数展开，通过多项式拟合得到了高阶泰勒展开斜距模型[65]

$$R^{(N)}(\eta) = R_0 + \sum_{n=1}^{N} k_n \cdot \eta^n \tag{2.6}$$

其中，k_n，$n = 1, 2, \cdots, N$ 表示各阶项的系数。通常计算各阶系数的方法有两种：一是通过卫星的速度、加速度、加加速度等物理参数进行推导[33]；二是通过拟合斜距随方位向时间的变化而得到。相比于前者，后者直接基于数值计算，在拟合的过程中会自动地考虑系统误差等因素的影响，可以获得比物理参数推导更为精确的结果[35]。

2.2 GEO SAR 系统典型参数

2.2.1 速度参数

1. 波束足迹移动速度（地面速度）

波速足迹移动速度（又称地面速度，简称地速）是卫星移动和地球自转共同作用的结果。在经典 SAR 理论中，由于卫星速度远大于地球自转所引入的速度，因此通常忽略地球自转的影响，以卫星速度来近似地速，其线性化的表达式如下[62]

$$V_g \approx \frac{r_{\text{radius}}}{|\boldsymbol{P}_{\text{sat}}|} \cdot |\boldsymbol{V}_{\text{sat}}| \tag{2.7}$$

其中，r_{radius} 表示地球平均半径（$\approx 6\ 371\ 393$ m），通过上式获得的地速仅是一个标量。在 GEO SAR 系统中，为了获得更为精确的地速表达式，首先，需要考虑由于卫星绕地球公转而引入的地面速度分量，建立如图 2.2 所示的几何模型。需要说明的是该几何模型建立在地球惯性坐标系下，在得出地面速度分量之后，需进一步考虑地球自转的影响，转化到地球固定坐标系中。

图中，$\perp (\boldsymbol{V}_{\text{sat}}, \boldsymbol{P}_{\text{sat}})$ 表示轨道平面的法矢量，即轨道旋转轴所在方向，灰色平面代表了零多普勒面，e 表示地速分量所在方向，其垂直于波束足迹中心点的位置矢量 $\boldsymbol{P}_{\text{foot}}$ 和轨道旋转轴。地速的大小 A_{V_g} 等于卫星绕旋转轴的角速度乘以波束足迹中心点到旋转轴的长度。地速分量的矢量表达式可以通过以下公式进行推导

$$\perp (\boldsymbol{V}_{\text{sat}}, \boldsymbol{P}_{\text{sat}}) = \boldsymbol{V}_{\text{sat}} \times \boldsymbol{P}_{\text{sat}}$$

$$\boldsymbol{A}_{V_g} = \frac{|\boldsymbol{V}_{\text{sat}}|}{\boldsymbol{P}_{\text{sat}}} \cdot \left| \boldsymbol{P}_{\text{foot}} - \frac{\boldsymbol{P}_{\text{foot}} \cdot \perp (\boldsymbol{V}_{\text{sat}}, \boldsymbol{P}_{\text{sat}})}{|\perp (\boldsymbol{V}_{\text{sat}}, \boldsymbol{P}_{\text{sat}})|} \cdot \frac{\perp (\boldsymbol{V}_{\text{sat}}, \boldsymbol{P}_{\text{sat}})}{|\perp (\boldsymbol{V}_{\text{sat}}, \boldsymbol{P}_{\text{sat}})|} \right|$$

$$e = \frac{\boldsymbol{P}_{\text{foot}} \times \perp (\boldsymbol{V}_{\text{sat}}, \boldsymbol{P}_{\text{sat}})}{|\boldsymbol{P}_{\text{foot}} \times \perp (\boldsymbol{V}_{\text{sat}}, \boldsymbol{P}_{\text{sat}})|}$$

$$\boldsymbol{V}_{g,\text{inertial}} = A_{V_g} \cdot e \tag{2.8}$$

在此基础上，考虑地球自转引入的速度分量

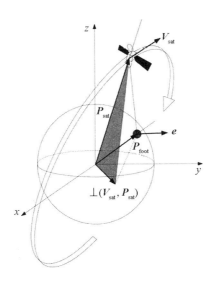

图 2.2　波束足迹移动速度几何模型

$$V_{g,\text{ECEF}} = V_{g,\text{inertial}} - \sqrt{P_{\text{foot}}^2[1] + P_{\text{foot}}^2[2]} \cdot \omega_e \cdot \frac{e_z \times P_{\text{foot}}}{|e_z \times P_{\text{foot}}|} \qquad (2.9)$$

其中，$\sqrt{P_{\text{foot}}^2[1] + P_{\text{foot}}^2[2]}$ 近似表示波束足迹到地球自转轴的距离，e_z 表示地球自转轴的单位矢量，指向北极方向。在椭圆轨道下星速是周期变化的，而且由于地球自转而引入的地面速度也是随着纬度而变化的，因此在未来中高轨、GEO SAR 等系统中，特别是通过频域方法进行信号处理时，需要考虑地速变化引入的影响。

2. 等效速度

在经典 SAR 成像理论中，等效速度用于描述斜距随时间二次项的变化关系。在机载 SAR 中，该等效速度可近似为飞机的飞行速率。在 LEO SAR 中，由于合成孔径时间很短，通常等效速度可以通过卫星速度和地面速度近似表达，即

$$V_r \approx \sqrt{|V_{\text{sat}}| \cdot |V_g|} \qquad (2.10)$$

在 GEO SAR 等系统中，由于方位时不变假设不再适用，等效速度在成像处理过程中较少使用，仅在某些时候用于定性分析，这里仍然给出一种更为准确的表达式。通过联立直线轨迹的斜距模型和高阶泰勒展开斜距模型，对等式

两边平方展开，然后使二次项系数相等，可以得到等效速度的近似表达式为[66]

$$V_r \approx \sqrt{2 \cdot R_0 \cdot k_2 + k_1^2} \qquad (2.11)$$

3. 仿真实验

为了验证改进求解方式的有效性，本书分别仿真了 LEO SAR（以 TerraSAR 系统参数为例）和 GEO SAR 情况下，地面速度的经典求解方式和改进求解方式，系统参数如表 2.1 所示，仿真实验结果如图 2.3 所示。

表 2.1 LEO SAR 和 GEO SAR 系统参数

参数	LEO SAR	GEO SAR
轨道高度/km	514	36 000
轨道倾角/（°）	97.44	60
偏心率	0	0
升交点赤经/（°）	0	0
真近点角/（°）	90	90
近地点幅角/（°）	-90	-90
斜视角/（°）	0	0
入射角/（°）	20	25
波长/m	0.031	0.24
天线方位尺度/m	4.78	30

可以看出地面速度随着纬度幅角的变化而改变，在赤道附近达到最大值，在两极附近达到最小值。值得注意的是，由于侧视角与斜视角的存在，当雷达位于南北半球同一纬度幅角时，其对应的视轴与地面交点所在的纬度是不同的，因此引入的地球自转影响也是不同的，由此可知，实际情况下，地面速度在南北半球是非对称分布的。相比于经典方法，改进计算方法很好地反映了这一实际情况。在 LEO 情况下，最大计算误差约为 70 m/s，约占总速度的 1%，这一影响在低分辨情况下是可以忽略不计的。而在 GEO 情况下，最大计算误差约为 200 m/s，占总速度的 50%，这一误差会对后续的建模和应用产生显著

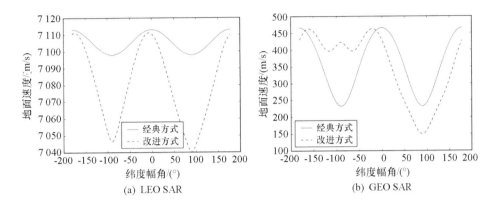

图 2.3　地面速度的求解方式对比

的影响。因此，在后续处理中将采用改进的计算方式求解地面速度，以取得更为精确的仿真结果。

　　由于在建模过程中采用了精确的计算方法，该模型可以应用于 LEO、bistatic、超高分辨等 SAR 系统中地面速度的精确计算，但需要说明的是，在近零倾角 GEO SAR 中，当卫星运行到"一"字形两端位置处时，雷达与目标的相对运动速度为零，此时本书所用模型中部分矢量已没有方向，相应的求解方法也会失效。这时可以通过临近点的求解结果进行插值，以获得想要的时刻或位置处的地面速度。

2.2.2　合成孔径参数

1. 合成孔径时间

　　合成孔径时间反映了雷达对于特定目标持续照射的能力。根据经典 SAR 理论，在直线轨道模型下，合成孔径时间可以近似为[62]

$$T_a \approx 0.886 \frac{\lambda}{L_a} \cdot \frac{R'_0}{\cos(\theta_{r,c})} \cdot \frac{1}{V_g} \tag{2.12}$$

　　式中第一项为雷达方位向波束张角，其与载波波长 λ 成正比，与天线方位向尺寸 L_a 成反比；第二项为将波束张角投影到等效斜视角 $\theta_{r,c}$ 时地面方位向照射范围，R'_0 表示中心斜距；第三项通过波束足迹中心点的速度 V_g 计算出目标点移出照射范围所用时间。在机载 SAR 和 LEO SAR 处理过程中，式

（2.12）能够较为准确地计算出合成孔径时间。但是在双站几何、高轨几何、GEO 几何，以及多模式获取情况下，该模型存在较大误差。本书采用一种更为精确的计算方法[35]

$$\arcsin\left[\frac{\boldsymbol{V}_{sat}(\eta)\cdot(\boldsymbol{P}_{sat}(\eta)-\boldsymbol{P}_{tar})}{|\boldsymbol{V}_{sat}(\eta)|\cdot|\boldsymbol{P}_{sat}(\eta)-\boldsymbol{P}_{tar}|}\right]=\theta_{ant}(\eta)+\frac{0.443\lambda}{L_a}$$

$$\arcsin\left[\frac{\boldsymbol{V}_{sat}(\eta)\cdot(\boldsymbol{P}_{sat}(\eta)-\boldsymbol{P}_{tar})}{|\boldsymbol{V}_{sat}(\eta)|\cdot|\boldsymbol{P}_{sat}(\eta)-\boldsymbol{P}_{tar}|}\right]=\theta_{ant}(\eta)-\frac{0.443\lambda}{L_a}$$

$$\Rightarrow\begin{cases}T_{a,start}\\T_{a,end}\end{cases}$$

（2.13）

$$T_a=T_{a,end}-T_{a,start} \tag{2.14}$$

其中，$\boldsymbol{P}_{sat}(\eta)$ 和 $\boldsymbol{V}_{sat}(\eta)$ 分别表示方位 η 时刻，雷达的位置矢量和速度矢量；$\boldsymbol{P}_{tar}$ 表示目标的位置矢量，$\dfrac{0.443\lambda}{L_a}$ 表示半个方位向波束张角，$\theta_{ant}(\eta)$ 表示 η 时刻的斜视角，根据成像模式的不同，其具有不同的表达式，典型的成像模式及对应的表达式如下[67]

$$\theta_{ant}(\eta)=\begin{cases}0, & \text{条带 – 正侧视}\\\theta_0, & \text{条带 – 斜视}\\\omega_{ant}\cdot\eta+\theta_0, & \text{扫描模式}\\-\omega_{ant}\cdot\eta+\theta_0, & \text{聚束模式}\\\arcsin\left[\dfrac{\boldsymbol{V}_{sat}(\eta)\cdot(\boldsymbol{P}_{sat}(\eta)-\boldsymbol{P}_{tar})}{|\boldsymbol{V}_{sat}(\eta)|\cdot|\boldsymbol{P}_{sat}(\eta)-\boldsymbol{P}_{tar}|}\right], & \text{凝视模式}\end{cases}$$

（2.15）

其中，θ_0 表示一个固定值，ω_{ant}（>0）表示天线扫描角速度（规定雷达前进方向为正方向，向前扫描为正，向后扫描为负）。此外，TOPS 模式中考虑方位向类似扫描模式变化的同时，还需要考虑沿俯仰向更为复杂的变化。可以看出，在不同的 SAR 系统和工作模式下，合成孔径时间具有较大差异。低轨 SAR 条带模式，合成孔径时间通常只有 0.1 s 量级，在聚束模式或凝视模式下，可以达到 1 s 量级。而在 GEO SAR 情况下，合成孔径时间根据天线方位向尺寸、波段和轨道的不同可以达到几十秒甚至数小时。

2. 合成孔径角

合成孔径期间，雷达 – 目标视角的变化称之为合成孔径角，是合成孔径能力反映在雷达运动轨道上的一种表达方式。在机载几何模型下，可以近似地认为合成孔径角等于波束张角；在 LEO 几何模型下由于轨道的弯曲，可以通过卫星速度与地面速度之比，建立起合成孔径角与波束张角的线性关系[62]，即

$$\theta_{\mathrm{syn}} \approx \frac{V_{\mathrm{sat}}}{V_{\mathrm{g}}} \cdot \theta_{\mathrm{bw}} \tag{2.16}$$

该公式仅适用于部分条带工作模式，对于聚束、扫描、凝视等模式，由于天线姿态的调整会影响到合成角的大小，而这一影响无法通过上述公式进行准确的反映。因此，本书给出一种更为精确的计算方式，即通过合成孔径起止时刻所对应的目标 – 卫星矢量间的夹角来反映合成孔径角的大小

$$\theta_{\mathrm{syn}} \approx \arccos \left\{ \frac{[\boldsymbol{P}_{\mathrm{sat}}\ (T_{\mathrm{a,start}})\ -\boldsymbol{P}_{\mathrm{tar}}]\ \cdot\ [\boldsymbol{P}_{\mathrm{sat}}\ (T_{\mathrm{a,end}})\ -\boldsymbol{P}_{\mathrm{tar}}]}{|\boldsymbol{P}_{\mathrm{sat}}\ (T_{\mathrm{a,start}})\ -\boldsymbol{P}_{\mathrm{tar}}|\ \cdot\ |\boldsymbol{P}_{\mathrm{sat}}\ (T_{\mathrm{a,end}})\ -\boldsymbol{P}_{\mathrm{tar}}|} \right\} \tag{2.17}$$

合成孔径起止时刻会根据工作模式的不同而发生相应的变化，因此可以用于多模式情况下合成孔径角以及相关 SAR 性能的定性与定量分析。

3. 合成孔径长度

合成孔径角表现在尺度范围上即为合成孔径长度，其反应 SAR 在方位向上的聚焦能力。在经典 SAR 理论中，可以通过波束张角、斜距、星速和地速进行近似

$$L_{\mathrm{syn}} \approx \frac{0.886\lambda}{L_{\mathrm{a}}} \cdot R\ (\eta_{\mathrm{c}})\ \cdot \frac{V_{\mathrm{sat}}}{V_{\mathrm{g}}} \tag{2.18}$$

其中，L_{a} 表示天线方位向实际尺寸。

在高轨星载几何中，考虑直线长度 $\bar{L}_{\mathrm{syn}}$ 和弧线长度 $\overset{\frown}{L}_{\mathrm{syn}}$ 两种。直线合成孔径长度即合成孔径起止时刻对应的卫星位置间的距离

$$\bar{L}_{\mathrm{syn}} = |\boldsymbol{P}_{\mathrm{sat}}\ (T_{\mathrm{a,end}})\ -\boldsymbol{P}_{\mathrm{sat}}\ (T_{\mathrm{a,start}})| \tag{2.19}$$

弧线合成孔径长度，即合成孔径期间卫星沿轨道移动过的距离

$$\overset{\frown}{L}_{\mathrm{syn}} \approx\ \{\omega_{\mathrm{sat}} -\omega_{\mathrm{e}} \cdot \cos\ [\alpha\cos\ (w +f)]\}\ \cdot T_{\mathrm{a}} \tag{2.20}$$

其中，系数 $\{\omega_{\mathrm{sat}} -\omega_{\mathrm{e}} \cdot \cos\ [\alpha\cos\ (w +f)]\}$ 表示考虑地球自转影响的卫星公转角速度，即地固系下的卫星公转角速度，ω_{sat} 表示地惯系下卫星的公转角速度；$w +f$ 表示卫星对应的纬度幅角。可以看出，合成孔径长度是随着卫星的位置变化而改变的。

4. 仿真实验

根据表 2.1 所示参数，本节对 LEO 和 GEO 两种情况下合成孔径时间的计算方式进行仿真对比，假设雷达工作在右侧视情况下，其对应的仿真结果如图 2.4 所示。从图中可以看出，通过经典理论计算的合成孔径时间随地面速度的变化而发生改变，在扫过地球南北半球时，表现出对称的变化规律。但是，由于雷达侧视角的存在，对于南北对称的纬度幅角位置，相应的波束足迹具有不同的地球自转速度，当轨道倾角小于 90° 时，右侧视情况下表现为北半球大于南半球，当轨道倾角大于 90° 时，右侧视情况下表现为北半球小于南半球，在考虑到与星载速度的叠加之后，这两种情况都会导致北半球观测具有一个较小的地面速度，南半球具有一个较大的地面速度。因此，在右侧视情况下，北半球将经历更长的合成孔径时间。从图中可以看出，通过改进的计算方法能够更好地反映这一事实。需要说明的是，在 GEO SAR 情况下，纬度幅角 90° 附近，由于观测范围位于"8"字轨迹上半部分的内部，雷达轨迹严重弯曲，波束指向迅速变化，部分时候甚至会出现方位向正多普勒调频，因此合成孔径时间呈现出不规则的变化。

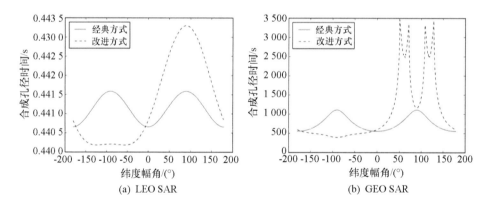

(a) LEO SAR (b) GEO SAR

图 2.4 合成孔径时间计算结果对比（右侧视情况下）

为进一步说明本书合成孔径时间计算方法的准确性，本节开展了多模式合成孔径时间仿真计算，分别针对纬度幅角 0° 附近，LEO SAR 20 s 成像获取时间和 GEO SAR 2 000 s 成像获取时间内，不同模式下的合成孔径时间进行计算，结果如表 2.2 所示。通过对比实际 TerraSAR 系统的多模式合成孔径时间可以看出，本书方法能够较好地反映合成孔径时间随天线姿态的变化。

表 2.2　多模式合成孔径时间计算

获取模式	LEO (20 s)	GEO (2 000 s)
正侧视	$\theta_{\text{ant}}\ (\eta)\ =0$	$\theta_{\text{ant}}\ (\eta)\ =0$
	0.44 s	593.6 s
斜视	$\theta_{\text{ant}}\ (\eta)\ =15°$	$\theta_{\text{ant}}\ (\eta)\ =3°$
	0.46 s	604.5 s
扫描	$\omega_{\text{ant}}=0.5\ (°)\ /s$	$\omega_{\text{ant}}\ (\eta)\ =0.000\ 1\ (°)\ /s$
	0.26 s	517.7 s
聚束	$\omega_{\text{ant}}=-0.5\ (°)\ /s$	$\omega_{\text{ant}}\ (\eta)\ =-0.000\ 1\ (°)\ /s$
	1.33 s	695.3 s
凝视	天线偏转小于 5°	天线偏转小于 2°
	6.68 s	1 000 s

2.2.3　角度参数

1. 波束张角

雷达的波束张角取决于天线尺寸和载波波段

$$\theta_{\text{bw}} = 0.886 \cdot \frac{\lambda}{L_{\text{a}}} \tag{2.21}$$

其中，系数 0.886 是考虑了波束张角的 3 dB 衰减而引入的影响因子。

2. 斜视角

在经典 SAR 理论中，通过小角度近似，可以得到斜视角 θ_{sq} 的表达式为

$$\theta_{\text{sq}} \approx -\frac{|V_{\text{g}}| \cdot \eta}{R\ (\eta)} \tag{2.22}$$

其中，负号是由于假设目标的零多普勒时刻为方位向参考零时刻而引入的。而在 GEO SAR 系统中，我们可以通过另外两种方式进行求解。第一种方式是通过卫星 – 目标矢量与卫星速度矢量的夹角来计算，即

$$\theta_{sq} \approx \arcsin\left[\frac{\boldsymbol{V}_{sat} \cdot (\boldsymbol{P}_{sat} - \boldsymbol{P}_{tar})}{|\boldsymbol{V}_{sat}| \cdot |\boldsymbol{P}_{sat} - \boldsymbol{P}_{tar}|}\right] \quad (2.23)$$

另一种方式则是通过距离历程反推斜视角

$$\theta_{sq} \approx -\arcsin\left[\frac{\mathrm{d}R(\eta)}{\mathrm{d}\eta} \cdot \frac{1}{|\boldsymbol{V}_{sat}|}\right] \approx -\arcsin\left(\frac{\sum_{i=1}^{N} i \cdot k_i \cdot \eta^{i-1}}{|\boldsymbol{V}_{sat}|}\right) \quad (2.24)$$

方式一可用于更高精度的角度计算，但如果要实现逐点的斜视角计算则效率较低；而方式二在兼顾精度的同时，实现了更为快捷的计算，其精度会受到斜距模型的拟合精度影响。

3. 雷达下视角与地面入射角

雷达下视角 $\theta_{off-nadir}$ 与地面入射角 θ_{inc} 是 SAR 信号处理中两个重要的角度。在经典 SAR 理论中，由于线性轨迹近似与地面平行，通常认为二者相等。但是这一近似在高轨几何中会引入很大误差，而这一点被一些研究者所忽略，所以本书进行特别说明。例如，在 GEO SAR 系统中，地面入射角的变化范围通常为 20°~60°，而对应的雷达最大下视角仅为 8°左右。本书根据其物理概念，给出精确的求解方式

$$\theta_{off-nadir} = \arccos\left[\frac{\boldsymbol{P}_{sat} \cdot (\boldsymbol{P}_{sat} - \boldsymbol{P}_{tar})}{|\boldsymbol{P}_{sat}| \cdot |\boldsymbol{P}_{sat} - \boldsymbol{P}_{tar}|}\right] \quad (2.25)$$

$$\theta_{inc} = \arccos\left[\frac{\boldsymbol{P}_{tar} \cdot (\boldsymbol{P}_{sat} - \boldsymbol{P}_{tar})}{|\boldsymbol{P}_{tar}| \cdot |\boldsymbol{P}_{sat} - \boldsymbol{P}_{tar}|}\right] \quad (2.26)$$

4. 仿真实验

根据表 2.1 所示数据，本节仿真了 LEO SAR 5 s 成像获取时间内和 GEO SAR 2 000 s 成像获取时间内，不同计算方式下斜视角的变化，其结果如图 2.5 所示。其中，四种计算方式分别为：经典 SAR 理论计算方式；改进地面速度的经典计算方式，即式 (2.22)；改进方式一，即式 (2.23)；改进方式二，即式 (2.24)。图 2.5 (a) 为 LEO SAR 情况下的计算结果，图 2.5 (b) 为 GEO SAR 情况下的计算结果。可以看出，LEO 情况下四种计算方式的结果十分相近，而从图 2.5 (b) 和 (c) 可以看出前两种计算方式存在由小角度近似引入的误差。这一误差看似很小，但是考虑到 GEO SAR 情况下超远的星地距离影响，雷达天线微小的角度误差实际上会引入一个较大的地面位置误差。假设

雷达天线的角度控制精度误差为 0.001°，则地面位置的偏移误差就已达到 100 m，这也对 GEO SAR 天线波束控制提出了更高的要求。

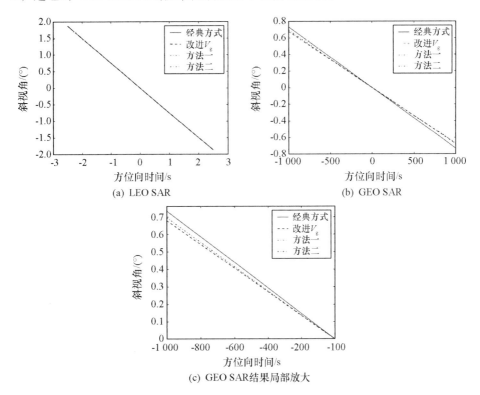

(a) LEO SAR

(b) GEO SAR

(c) GEO SAR结果局部放大

图 2.5　斜视角的计算方法对比

　　图 2.6 仿真了 LEO SAR 和 GEO SAR 情况下雷达下视角随地面入射角的变化。在 LEO SAR 情况下，雷达下视角近似等于地面入射角；而在 GEO SAR 情况下，由于受超远星地距离的影响，下视角的变化十分缓慢。因此，在 GEO SAR 信号处理时，需要进一步计算下视角，而不能通过入射角进行简单的近似处理。

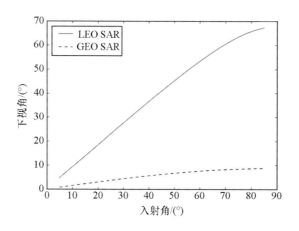

图 2.6 雷达下视角与地面入射角的关系

2.2.4 方位向参数

1. 方位向带宽

由于雷达的运动，雷达与目标之间存在沿运动方向的多普勒效应，这是合成孔径雷达获得方位向分辨率的前提条件。反映在频域上，即为多普勒频移。而进一步考虑天线方位向波束宽度的约束，在合成孔径时间内产生的频移量即方位向带宽。方位向带宽对 SAR 方位向分辨能力具有重要意义，因此，在未来 GEO SAR 系统中，需要尽可能精确计算方位向带宽，以满足处理精度需求。

在经典 SAR 理论中，方位向带宽可以近似为[62]

$$B_{a} \approx \left| \frac{\mathrm{d}f\left(\theta\right)}{\mathrm{d}\theta} \cdot \frac{V_{s}}{V_{r}} \cdot \theta_{bw} \right| \approx \left| \frac{2V_{r}\cos\theta}{\lambda} \right|_{\theta=\theta_{r,c}} \cdot \frac{V_{s}}{V_{r}} \cdot \theta_{bw} \approx \left| \frac{2V_{s}\cos\theta_{r,c}}{\lambda} \cdot \theta_{bw} \right|$$

(2.27)

式（2.27）很清楚地阐释了带宽是目标在雷达波束宽度内产生的频率漂移这一事实。

根据高阶泰勒展开模型，这里采用一种新的方位向带宽计算方式，基本的思路是计算合成孔径初始时刻对应的方位向频率与合成孔径结束时刻对应的方位向频率之间的差值，即

$$f(\eta) = -\frac{1}{2\pi} \times \frac{4\pi \cdot \mathrm{d}R(\eta)}{\lambda \cdot \mathrm{d}\eta} = -\frac{2}{\lambda} \cdot \sum_{n=1}^{N} n \cdot k_n \cdot \eta^{n-1} \tag{2.28}$$

$$B_{\mathrm{a}} \approx \frac{2}{\lambda} \cdot \sum_{n=1}^{N} n \cdot k_n \cdot (T_{\mathrm{a,end}}^{n-1} - T_{\mathrm{a,start}}^{n-1}) \tag{2.29}$$

当 $N = 2$ 时，$k_2 \approx \dfrac{V_{\mathrm{r}}^2}{2R_0}$，

$$
\begin{aligned}
B_{\mathrm{a}} &\approx \frac{2}{\lambda} \times 2 \times \frac{V_{\mathrm{r}}^2}{2R_0} \cdot (T_{\mathrm{a,end}} - T_{\mathrm{a,start}}) \approx \frac{2V_{\mathrm{r}}}{\lambda} \cdot \left. \frac{V_{\mathrm{r}}\eta}{R_0} \right|_{T_{\mathrm{a,end}} - T_{\mathrm{a,start}}} \\
&\approx \frac{2V_{\mathrm{r}}}{\lambda} \cdot \sin\theta \Big|_{\theta(T_{\mathrm{a,end}}) - \theta(T_{\mathrm{a,start}})} \approx \frac{2V_{\mathrm{s}}\cos\theta_{\mathrm{r,c}}}{\lambda} \cdot \theta_{\mathrm{bw}}
\end{aligned} \tag{2.30}
$$

此时，高阶模型计算公式退化为经典直线几何模型计算公式。

2. 方位向调频率

方位向调频率是指在单位时间内方位向频率的变化量。方位向调频率受星载几何的约束，通常情况下低轨 SAR 具有更高的方位向调频率（1 000 Hz/s 量级），而对于高轨 SAR 或 GEO SAR，其方位向调频率仅有 0.1 ~ 1 Hz/s。在经典 SAR 理论中，方位向调频率的表达式为[62]

$$K_{\mathrm{a}} = \frac{2}{\lambda} \cdot \left. \frac{\mathrm{d}^2 R(\eta)}{\mathrm{d}\eta^2} \right|_{\eta = \eta_{\mathrm{c}}} \approx \frac{2V_{\mathrm{r}}^2 \cos^3\theta_{\mathrm{r,c}}}{\lambda R'_0} \tag{2.31}$$

需要指出的是，这里 K_{a} 只是取了方位向调频率的标量值，而并没有考虑方向性。而在绝大多数情况下，方位向调频率都是负的，即

$$f = -K_{\mathrm{a}} \cdot \eta \tag{2.32}$$

而在高阶泰勒展开模型下，方位向频率不再随方位时间呈线性变化，相应的方位向调频率也不再是一个恒定值。为了与经典 SAR 理论保持一致，这里取斜距模型的二阶导数的绝对值作为多普勒调频率，即

$$K_{\mathrm{a}} = \left| -\frac{2}{\lambda} \cdot \frac{\mathrm{d}^2 R(\eta)}{\mathrm{d}\eta^2} \right| = \frac{2}{\lambda} \cdot \sum_{n=2}^{N} n! \cdot k_n \cdot \eta^{n-2} \Rightarrow \begin{cases} K_{\mathrm{a}}^{(2)} \approx \dfrac{4k_2}{\lambda} \\[2mm] K_{\mathrm{a}}^{(3)} \approx \dfrac{4}{\lambda}(k_2 + 3k_3\eta) \end{cases}$$

$$\tag{2.33}$$

类似于零多普勒时刻的求解，$K_{\mathrm{a}}^{(2)}$ 和 $K_{\mathrm{a}}^{(3)}$ 分别表示通过二阶、三阶展开模型所求得的结果。

3. 仿真实验

根据表 2.1 所示参数，本节对方位向参数的不同计算方式进行了仿真。图 2.7 为 LEO SAR 和 GEO SAR 情况下方位向带宽随纬度幅角的变化，通过采用地固坐标系下的卫星速度，经典方法和改进方法结果相近，但是在 GEO SAR 情况下，纬度幅角为 90°附近，由于合成孔径时间的不规则变化，因此导致了方位向带宽出现相应的不规则变化。此外，值得关注的是，LEO SAR 情况下方位向带宽变化很小，因此可以忽略不计，而 GEO SAR 情况下则具有较大变化，在 PRF 选用时，需要考虑这一变化以提高能量的利用效率。

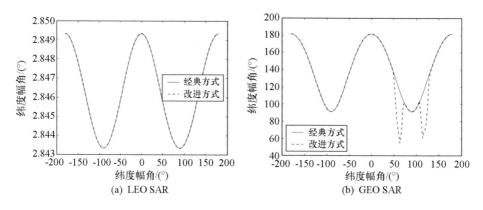

图 2.7　方位向带宽计算结果对比

图 2.8 为多普勒调频率随纬度幅角的变化，相比于经典理论，改进的计算方法更准确地反映了由于雷达侧视引入的非对称性。此外，值得注意的是，在 GEO SAR 情况下，纬度幅角 90°附近多普勒调频率小于零，根据式（2.32）可知出现了多普勒正调频的情况，由此可以看出 GEO SAR 轨迹弯曲的严重程度。

2.2.5　分辨率参数

分辨率决定了最终 SAR 图像对于目标分辨的精细程度。按照沿雷达飞行方向和垂直于雷达飞行方向可以分为方位向分辨率和距离向分辨率。由于在 SAR 成像处理过程中两个方向均采用了脉冲压缩处理，其最终都会受到该方向的带宽和速度的约束。

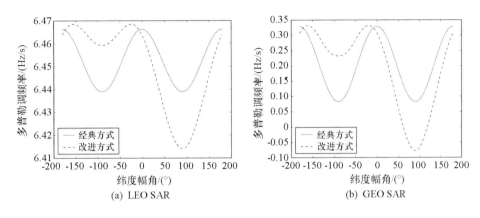

图 2.8　多普勒调频率

1. 距离向分辨率

距离向的分辨率表达式为[62]

$$\rho_{r,s} = 0.886 \times \frac{c}{2B_r} \tag{2.34}$$

其中，c 表示光在真空中的速度，B_r 表示距离向带宽，0.886 是考虑了脉冲响应的 3 dB 宽度而引入的影响因子，2 代表双程斜距。

式（2.34）是在斜距几何下获得的分辨率，为最初成像聚焦之后的分辨率。为了反映地面场景的真实尺寸，最终的 SAR 图像产品要通过插值将其转换到地距几何，相应的地距分辨率为

$$\rho_{r,g} = 0.886 \times \frac{c}{2B_r \sin\theta_{inc}} \tag{2.35}$$

2. 方位向分辨率

方位向分辨率的表达式为

$$\rho_a = 0.886 \times \frac{V_g}{B_a} \tag{2.36}$$

其中，V_g 表示地面波束足迹中心点的移动速度，B_a 表示方位向带宽。

2.3 基于高阶泰勒展开的 SAR 信号模型

在高阶泰勒展开模型的基础上，通过级数反演的方法，利用驻定相位原理可以计算出对应的驻定相位点

$$\eta_s \approx -\frac{cf_\eta}{4 \ (f_0 + f_\tau) \ k_2} - \frac{3c^2 f_\eta^2 k_3}{32 \ (f_0 + f_\tau)^2 k_2^3} + \frac{c^3 f_\eta^3 \ (-9k_3^2 + 4k_2 k_4)}{128 \ (f_0 + f_\tau)^3 k_2^5}$$

$$- \frac{5c^4 f_\eta^4 (27k_3^2 - 24k_2 k_3 k_4 + 4k_2^2 k_5)}{2 \ 048 \ (f_0 + f_\tau)^4 k_2^7}$$

$$- \frac{3c^5 f_\tau^5 (189k_3^3 - 252k_2 k_3^2 k_4 + 32k_2^2 k_4^2 + 60k_2^2 k_3 k_5)}{8 \ 192 \ (f_0 + f_\tau)^5 k_2^9} \tag{2.37}$$

泰勒展开模型阶数的不同会影响最后的驻相点，这里以五阶模型对应的结果为例，进一步将驻相点代入泰勒展开模型，可以推导出最终的二维频域表达式，即

$$S_0 \ (f_\tau, f_\eta) \ = W_\tau \ (f_\tau) \ \cdot W_\eta \Big[f_\eta + \ (f_c + f_\tau) \ \cdot \frac{2k_1}{c} \Big] \cdot \exp \ \{ j \cdot \Phi \ (f_\tau, f_\eta) \} \tag{2.38}$$

其中，$W_\tau \ (\cdot)$ 和 $W_\eta \ (\cdot)$ 分别表示距离向和方位向的频域包络，基于五阶泰勒展开模型的二维频域相位表达式为

$$\Phi \ (f_\tau, f_\eta) \ \approx -\frac{\pi f_\tau^2}{K_r} - 4\pi \Big(\frac{f_c + f_\tau}{c}\Big) R_0 + \pi \frac{c}{4k_2 \ (f_c + f_\tau)} \Big[f_\eta + \ (f_c + f_\tau) \ \frac{2k_1}{c} \Big]^2$$

$$+ \pi \frac{c^2 k_3}{16k_2^3 \ (f_c + f_\tau)^2} \Big[f_\eta + \ (f_c + f_\tau) \ \frac{2k_1}{c} \Big]^3$$

$$+ \pi \frac{c^3 (9k_3^2 - 4k_2 k_4)}{256k_2^5 \ (f_c + f_\tau)^3} \Big[f_\eta + \ (f_c + f_\tau) \ \frac{2k_1}{c} \Big]^4$$

$$+ \pi \frac{c^4 (27k_3^3 - 24k_2 k_3 k_4 + 4k_2^2 k_5)}{1 \ 024k_2^7 \ (f_c + f_\tau)^4} \Big[f_\eta + \ (f_c + f_\tau) \ \frac{2k_1}{c} \Big]^5 \tag{2.39}$$

其中，K_r 表示距离向调频率。二维频域表达式是后续进行成像处理与误差补偿的基础。因此，进一步地对其进行分解，得到更多相位表达式，即

$$\Phi \ (f_\tau, f_\eta) \approx \Phi_{rc} \ (f_\tau) \ + \Phi_{ac} \ (f_\eta) \ + \Phi_{rcm} \ (f_\tau, f_\eta) \ + \Phi_{src} \ (f_\tau, f_\eta) \ + \Phi_{res} \tag{2.40}$$

其中，$\Phi_{rc}(f_\tau)$ 表示距离压缩相位，其表达式为

$$\Phi_{rc}(f_\tau) = -\frac{\pi f_\tau^2}{K_r} \tag{2.41}$$

$\Phi_{ac}(f_\eta)$ 表示方位压缩相位，其表达式为

$$\Phi_{ac}(f_\eta) \approx \Phi(0, f_\eta) - \frac{2\pi R_0}{\lambda} \tag{2.42}$$

$\Phi_{rcm}(f_\tau, f_\eta)$ 表示距离徙动相位，其表达式为

$$\Phi_{rcm}(f_\tau, f_\eta) \approx \left[\left.\frac{\partial \Phi(f_\tau, f_\eta)}{\partial f_\tau}\right|_{f_\tau=0}\right] \cdot f_\tau \tag{2.43}$$

进一步可以得到距离徙动表达式为

$$\Delta R_{rcm}(f_\eta) \approx -\frac{c}{4\pi f_\tau}\Phi_{rcm}(f_\tau, f_\eta) \tag{2.44}$$

残余相位 Φ_{res} 可以表示为

$$\Phi_{res} \approx \Phi(0, 0) \tag{2.45}$$

在以上各表达式的基础上，二次距离压缩相位 $\Phi_{src}(f_\tau, f_\eta)$ 可以通过式 (2.40) 进行推导，这些表达式都将在 GEO SAR 频域成像算法中使用。

2.4　本章小结

本章介绍了 SAR 理论基础以及为了适应 GEO SAR 系统仿真与信号处理而做出的改进，为后续章节的展开奠定了模型基础。首先，建立了 GEO SAR 几何模型与高阶泰勒展开斜距模型；然后，从经典 SAR 理论出发，对 SAR 系统的部分速度参数、合成孔径参数、角度参数和方位向参数的建模和推导方式进行了改进。进一步以 TerraSAR 系统和大倾角的"8"字形 GEO SAR 系统为例，通过仿真实验的方式对比了 LEO SAR 和 GEO SAR 情况下经典计算方法和改进计算方法，从而验证了改进计算方法的准确性。通过结果分析所得出的结论，对于未来先进系统设计具有一定的帮助与指导作用。最后根据泰勒展开模型和级数反演方法推导了 GEO SAR 信号的高阶二维频域表达式及典型相位表达式，为后续频域成像算法的引入奠定基础。

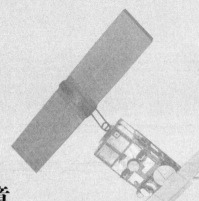

第 3 章
基于 ReBP 算法的 GEO SAR 高精度快速回波仿真

随着星载 SAR 技术的不断发展，人类已经获取了大量不同波段、不同分辨率的星载 SAR 实测数据。在遥感领域，这些实测数据被广泛地应用于陆地测绘、海洋观测、灾害监测、军事侦察等。但是，对于 GEO、中高轨、分布式、超高分辨等特殊观测几何下的 SAR 系统，由于系统的复杂性以及技术的局限性，仍然缺乏大量的实测数据甚至还没有实测数据。因此，为验证此类系统的模型及算法的性能，需要进行高精度的回波仿真。高精度回波仿真是 SAR 系统信号处理的起始，对于实际 SAR 系统的研制具有重要的意义。针对这一问题，本章在对已经出现的回波仿真方法归纳分类的基础上，提出了一种基于 ReBP 的回波仿真算法。该算法适用于点目标与扩展目标，能够精确地反映 SAR 成像几何引入的二维空变、大气传播等影响，通过改进波束投影建模方式，可以用于任意 SAR 几何结构下的多模式回波仿真。

3.1 回波仿真综述

回波仿真根据目标的不同可以分为点目标（point）仿真和扩展场景（extended scene）仿真，其中，点目标主要关注于系统参数的设定，一般作为质点考虑；而扩展场景则采用更为复杂的电磁后向散射模型，会考虑如地表高程、地面覆盖、光滑程度、土壤水分含量等因素的影响[68]。

根据仿真思路的不同可以划分为 SAR 处理导向仿真器（SAR processing oriented simulator）和 SAR 导向仿真器（SAR oriented simulator），其原理如图 3.1 所示。其中，*STF* 表示 SAR 系统传输函数（SAR system transfer function），STF^{-1} 表示 SAR 系统传输函数的逆函数，也是成像算法。如果 SAR 处理器是为了从原始回波信号 $h(x, r)$ 提取响应函数 $\gamma(x, r)$，进而实现成像处理的过程，那么仿真器可以看成是以响应函数为输入的原始回波信号生成器。需要说明的是，输入仿真器的估计响应函数 $\hat{\gamma}(x, r)$ 并不等于实际的响应函数。例如，估计响应函数受到 SAR 系统带宽限制，而理想的响应函数则没有。SAR 处理导向仿真器，是基于 SAR 成像处理的逆向操作而实现的回波仿真；SAR 导向仿真器，则是通过对 SAR 信号获取过程的复现而实现回波数据的仿真[68]。其中，典型的 SAR 导向回波仿真有：Franceschetti 所提出的地面目标原始回波信号仿真，其充分考虑了 SAR 载机航行轨迹、雷达视角几何，天线的电特性以及地物目标的 DEM 信息、电磁特性、统计特性等[69]；Zeng 提出的

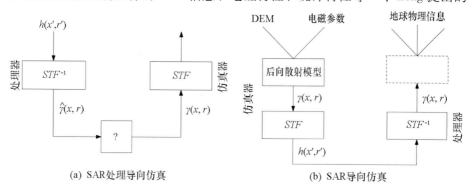

(a) SAR处理导向仿真　　　　　　　　(b) SAR导向仿真

图 3.1　SAR 回波仿真分类

基于等效散射模型的三维树冠 SAR 原始回波仿真[70]。而基于 SAR 处理导向的回波仿真，根据 STF^{-1} 的不同，可以有多种实现方式，如逆向 RD[71]、逆向 CS、逆向 ωK，以及本书提出的 ReBP 等。通过对比可以发现，SAR 处理导向仿真器更侧重于 SAR 几何架构、传播特性等，优点在于其不用考虑目标与背景的电磁建模，而是直接利用已获取的 SAR 图像作为输入，相比于 SAR 导向仿真器更为高效；而 SAR 导向仿真器更关注于目标与背景本身的特性，通过精确的电磁建模，能够更好地反映数据获取过程中目标的遮挡、叠掩等几何特性。

　　按照原始回波信号的生成域仿真方法可以划分为时域回波仿真算法，频域回波仿真算法以及时频域混合回波仿真算法。例如，为了实现 SAR 干涉处理信号仿真，Alessandro 等人提出的通过物理光学模型进行电磁特性建模的时域原始回波仿真方法[72]；Rainer 等人提出了一种频域回波仿真方法，首先在 RD 域进行一致相位反演，然后通过 Stolt 插值实现数据的距离向空变反演，该方法可以用于全极化散射、三维地表、人造地物的仿真，仿真结果能够很好地反映 SAR 数据中存在的斑点噪声、阴影，以及迎坡缩短、背坡拉伸、顶底倒置等现象[73-74]；Dumont 等人提出了通过逆 RD 算法实现回波仿真，相应的系统可以实现地形、植被、建筑等场景的仿真，并且可以在场景中添加车辆、船只、飞行器等目标[71]；Marijki 等人提出了通过时频域混合的方法进行机载 SAR 回波仿真，该方法充分考虑了平台不稳定所带来的影响；Silvia 等人提出了在二维频域对扩展场景进行聚束模式回波仿真的方法[75]。

　　面向于应用的仿真算法应具有模块化、灵活性、快速、准确的特点。由于 SAR 领域技术的快速发展，仅仅是点目标的回波仿真已不能满足应用的需求，研究人员需要更多的场景目标回波数据开展相关研究。对于场景目标，频域方法能够快速地实现回波仿真，但对于数据中存在的空变问题，尤其是方位向空变很难实现精确的仿真；时域逐像素点的回波仿真方法能够保证回波仿真的准确性，但却大大牺牲了回波仿真的效率。针对这些问题，本章对 SAR 处理导向仿真方法进行进一步扩展，提出了基于 ReBP 的回波仿真算法，该算法精确实现了 BP 成像算法的逆过程，在保证回波数据准确性的同时，通过"逐行"反演替代"逐点"反演，大幅提高了仿真的效率。类似于 BP 算法，ReBP 算法可以通过并行处理，GPU 等方法进行加速，可用于实现快速的回波仿真。

3.2 ReBP 算法

3.2.1 算法描述

BP 算法通过对每一个像素点的时域卷积实现匹配滤波操作，即

$$i(t_0, r_0) = \int_T dt_a \cdot \exp\left[j \cdot \frac{2\pi}{\lambda} \cdot \delta r(t_a)\right] \cdot s_{RC}[t_a, r(t_a)] \tag{3.1}$$

其中，$i(t_0, r_0)$ 表示方位向和距离向分别对应 t_0 和 r_0 的像素点，T 表示合成孔径时间，t_a 表示方位时刻（慢时刻），λ 表示波长，$r(t_a)$ 表示 SAR 观测过程中的距离历程，$\delta r(t_a) = r - r_0$ 表示坐标 (t_0, r_0) 处点目标的残余双程距离历程，s_{RC} 表示距离压缩处理后的数据。相比于频域处理算法，BP 算法具有灵活、准确、易于应用的优点；此外，通过并行处理和内存管理，能够很好地弥补该方法效率低的不足。

原始数据在经过式（3.1）的处理之后得到了聚焦后的 SAR 图像。对比成像过程，ReBP 算法处理可以划分为以下两个步骤：

（1）将聚焦后的图像 i 映射成距离压缩后的数据 s_{RC}；

（2）数据的距离向反压缩。

步骤 1 考虑了所有由成像几何、传播效应、成像模式等引入的空变效应（距离向和方位向）。在完成数据从图像域到回波域的映射之后，步骤 2 通过距离频域的相位相乘，实现距离向的反压缩，最终获得特定系统下的所选 SAR 图像对应的原始回波数据。

下面详细地介绍 ReBP 算法的推导及优化过程：类似于传统的时域逐点回波仿真方法，可以通过将 SAR 图像中的每一个像素点与二维脉冲响应进行卷积，从而实现图像域向回波域的映射，进一步将所有点目标的响应相加，以实现整幅图像的映射，即

$$s_{RC}(t_r, t_a) = \sum_p i(p) \cdot h_{RC}(t_r, t_a; p) \tag{3.2}$$

其中，p 表示雷达坐标 (t_0, r_0) 对应的点目标，求和表示图像中所有像素点响应的叠加，h_{RC} 表示 SAR 观测几何下像素点 p 的脉冲响应，即

$$h_{\mathrm{RC}} \approx \mathrm{sinc}\left[B_{\mathrm{r}} \cdot \left(t_{\mathrm{r}} - \frac{r\ (t_{\mathrm{a}})}{c} \right) \right] \cdot \exp\left[-\mathrm{j} \cdot \frac{2\pi}{\lambda} \cdot \delta r\ (t_{\mathrm{a}}) \right] \tag{3.3}$$

其中，B_{r} 表示距离向处理带宽，对于式（3.3）中的包络变化，可以通过加权处理补偿天线方向图对数据的影响。SAR 脉冲响应的空变可以通过图像域中每一个像素点对应斜距 r 的变化而被精确地反映到回波数据中。而在距离向，为了减小计算量、提高仿真效率，通过一个截断的 sinc 函数（16 点或 32 点采样）来约束映射区域，同时也限制了逆向操作引入的误差。通过提前生成 sinc 插值核，可以高效地实现每个像素点的插值。上述方法能够精确地实现 SAR 原始回波仿真，但是相比于时域的逐点仿真方法，其效率仍然很低，特别是对于 GEO SAR 巨大的数据量，该方法有待进一步改进。

在上述方法的基础上，本书尝试通过一个一致的插值核，实现对图像中每一条回波的映射操作，通过"逐线"仿真的方法替代"逐点"仿真，从而提高运算效率。这种方法几乎精确地实现了 BP 算法的逆操作，其处理过程如图 3.2 所示。

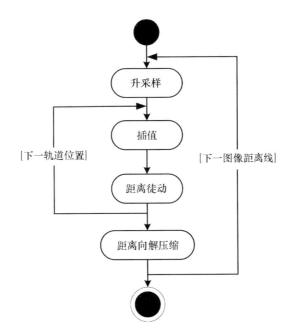

图 3.2　ReBP 算法过程

　　首先进行波束反演计算，根据天线方向图，确定目标点在回波域中的约束范围，即支撑区。然后在方位向进行循环操作，通过频域补零的方法可以实现每一条回波的升采样（通常是 8 倍升采样）。类似于经典 BP 算法，升采样后的数据可以通过低阶的插值核进行插值，从而实现图像像素点向回波域的映射，在保证精度的同时提高了运算效率。通过图像域的每一条距离线插值出回波域中的每一条距离线，然后进行重调频，逐条地实现图像域向回波域的反演，即

$$s_{RC}\ (t_r,\ n_a] \approx \Omega_i\ \{t_r \cdot c\}\ \cdot \exp\left\{-\mathrm{j} \cdot \frac{2\pi}{\lambda} \cdot \delta r\ (t_r,\ n_a,\ m_a]\right\}$$

$$\Omega_i: r\ [n_a,\ m_a] \to i\ (r_0,\ m_a] \tag{3.4}$$

其中 Ω_i 表示每条距离线上像素的斜距到像素值的复插值核，δr 表示图像域距离线采样矢量 r_0 和斜距 r 的差值，其中 m_a 表示图像距离线上每个样本点的序号，n_a 表示雷达位置序号。需要指出的是，尽管可以很轻松地实现从回波域到图像域的插值，但是从图像域到回波域的插值却不尽相同。因为在正向插值过程中，t_r 是插值核的自变量，对应距离线上的像素值是因变量，所以正向插值函数仅与 n_a 有关。但是在反向插值中，斜距 r 是自变量，像素值是因变量，插值函数不仅随 n_a 变化，同时也随着 m_a 而改变，如式（3.4）所示，即插值核是 n_a 和 m_a 的联合函数。尽管如此，上述方式仍然优于逐点叠加法。为了进一步优化 ReBP 算法，本书额外引入一个系数插值核，从而实现 n_a 和 m_a 的解耦，使距离线复插值核不再随 n_a 而变化，即

$$s_{RC}\ (t_r,\ n_a] \approx \Omega_{i'}\ \{\Omega_r\ \{t_r \cdot c\}\}\ \cdot \exp\left\{-\mathrm{j} \cdot \frac{2\pi}{\lambda} \cdot [t_r \cdot c - \Omega_r\ \{t_r \cdot c\}]\right\}$$

$$\Omega_{i'}: r_0 \to i\ (r_0,\ m_a], \qquad \Omega_r: r\ [n_a,\ m_a] \to r_0 \tag{3.5}$$

其中 $\Omega_{i'}$ 表示一致的距离线复插值核，Ω_r 表示距离坐标实插值核，由于 r 随 r_0 近似线性变化，距离坐标可以通过低阶的插值快速获取。尽管这里引入了另一个插值核，但是由于其释放了复插值核对 n_a 的依赖，相比于对每一个 n_a 和 m_a 都创建一个插值核，该方法具有更高的运算效率。

　　在完成了图像域像素点向回波域的映射之后，距离向反压缩可以通过距离频域的相位相乘快速实现，即

$$Ss\ (f_r,\ t_a)\ = w_s\left(\frac{f_r}{B_r}\right) \cdot Ss_{RC}\ (f_r,\ t_a)\ \cdot \exp\left[\mathrm{j} \cdot \pi \cdot \frac{f_r^2}{\beta_r}\right] \tag{3.6}$$

　　其中，w_s 表示低通滤波器，f_r 表示距离向频率，Ss 表示原始回波数据的

傅里叶变换，Ss_{RC} 表示距离压缩数据的傅里叶变换，β_r 表示距离向调频率。在介绍了 ReBP 算法的基础上，本书进一步分析其频谱特性、"停 – 走 – 停"误差、算法效率。

3.2.2　频谱特性

在雷达运行轨迹和场景坐标已知的情况下，BP 算法可以精确地进行成像处理，获取的图像数据会出现类似 Stolt 插值的频谱弯曲。同样地，对于 ReBP 算法，其生成的回波数据频谱也会出现与 BP 相反的弯曲效应。为了验证 ReBP 算法的频域特性保持能力，这里对 BP 与 ReBP 两个互逆过程进行了仿真实现，如图 3 – 3 所示（见彩插）。图 3.3（a）和（b）分别示意了超高分辨率下点目标的回波数据和图像数据的二维频谱，可以看出，图像数据的频谱具有明显的弯曲。图 3.3（c）表示输入 ReBP 算法的图像具有矩形的频谱支撑区，通过 ReBP 生成的回波数据频谱如图 3.3（d）所示，其具有与图（b）相反的弯曲结果。通过仿真结果可以看出，ReBP 算法具有精确的频谱保持能力，这种逆向弯曲的效果保证了 ReBP 生成回波与真实回波频谱的一致性。

3.2.3　"停 – 走 – 停"假设误差补偿

在 GEO SAR 情况下，雷达与场景间超远斜距使得雷达信号的发射与接收时间间隔相对于 LEO SAR 显著增长，可以达到 0.1 s 数量级。经典 SAR 理论中的"停 – 走 – 停"假设会对斜距和多普勒产生明显的影响[62]，为了提高仿真的准确性，在 ReBP 算法中通过对距离坐标插值核进行简单的调整，可以实现"停 – 走 – 停"假设引入误差的修正，即

$$\Omega_r: r\left[n_a, m_a\right] + r_{shift}^{s\&g}\left[n_a, m_a\right] \rightarrow r_0 \tag{3.7}$$

其中，$r_{shift}^{s\&g}\left[n_a, m_a\right]$ 表示由于"停 – 走 – 停"假设而引入的斜距误差。对于给定轨道参数和天线姿态的系统，通过星地几何关系可以预先计算不同轨道位置对应的斜距误差，然后根据系统 PRF 插值出所有雷达位置处的斜距误差。由于 GEO SAR 的轨道是每天重复不变的，因此只需一次全轨道计算即可，不会对回波仿真的效率产生很大影响。此外，对于其他先进 SAR 系统（如低轨高分辨系统）的回波仿真，当"停 – 走 – 停"误差影响较小时，可以选择不进行补偿处理，进一步提高仿真效率。

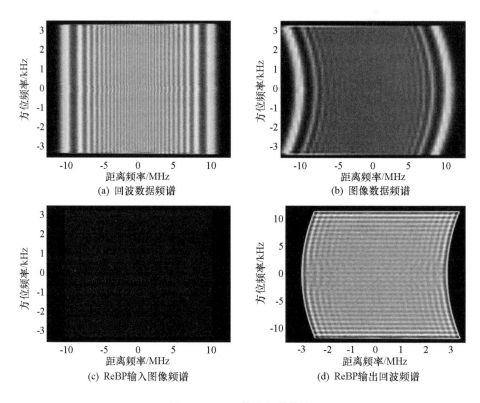

(a) 回波数据频谱   (b) 图像数据频谱

(c) ReBP输入图像频谱   (d) ReBP输出回波频谱

图 3.3　ReBP 算法频谱特性

3.2.4　算法效率

　　根据第 3.2.1 节的算法描述，BP 和 ReBP 算法的主要不同在于插值方式与插值核的数量，正向插值仅需考虑随回波域方位向的变化，而逆向插值不仅需要考虑随回波域方位向的变化，还要考虑随图像域方位向的变化。从具体实现上来说，BP 算法需要一个复插值核，而 ReBP 算法需要一个复插值核和一个实插值核。根据实际仿真程序，本书计算了 BP 与 ReBP 算法的计算复杂度

$$O_{BP} = 2N_{as} \cdot N_{rs} \cdot N_a + 4N_r \cdot \log_2 N_r \cdot N_a + 4N_r \cdot ZPF \cdot \log_2 (N_r \cdot ZPF) \cdot N_a$$

$$+ 15N_r \cdot ZPF \cdot N_a + 90N_{as} \cdot N_{rs} \cdot T_a \cdot PRF \approx O(N^3) \qquad (3.8)$$

$$O_{ReBP} = 2N_{as} \cdot N_{rs} \cdot N_a + 4N_{rs} \cdot \log_2 N_{rs} \cdot N_{as} + 4N_{rs} \cdot ZPF \cdot \log_2 (N_{rs} \cdot ZPF) \cdot N_{as}$$

$$+15N_{rs} \cdot ZPF \cdot N_{as} + 95N_{as} \cdot N_{rs} \cdot T_a \cdot PRF \approx O\left(N^3\right) \qquad (3.9)$$

其中，ZPF 表示升采样因子（zero-padding factor）；N_{as} 和 N_{rs} 表示图像数据的方位与距离向点数；N_a 和 N_r 表示回波数据的方位与距离向点数。通过上式可以看出，两种算法具有近似的计算复杂度。下面通过具体实例进行说明，考虑两种不同的成像几何：LEO SAR 和 GEO SAR，其系统和雷达参数如表 3.1 所示。

表 3.1　LEO SAR 和 GEO SAR 系统参数

参数	LEO SAR	GEO SAR
半长轴/km	6 800	42 164
偏心率	0.000 5	10^{-8}
轨道倾角/ (°)	85	60
近地点幅角/ (°)	0	0
升交点赤经/ (°)	0	0
天线尺寸/ (m×m)	10×10	30×30
斜视角/ (°)	0	0
入射角/ (°)	20.6	20.3
波长/m	0.031 2	0.239 8

假设场景的尺寸从 100×100 像素点增加到 $1\,000 \times 1\,000$ 像素点，升采样倍数为 8 倍，四种组合情况的计算耗时如图 3.4 所示，其中，纵坐标为任意尺度的对数坐标，横坐标表示用于仿真的场景大小，随着场景的增大，方位向获取时间也会随之增大，从而影响计算耗时。正如所预期的一样，GEO SAR 情况下由于超长的合成孔径时间和超大的距离徙动，其计算耗时约为 LEO SAR 情况的 1.5 倍。进一步对比两种处理算法可以看出，ReBP 算法的计算耗时近似等于 BP 算法的计算消耗。

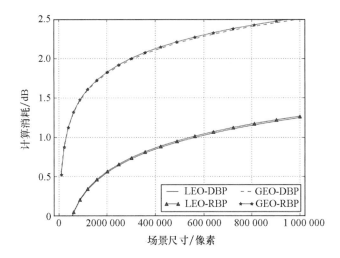

图 3.4　BP 和 ReBP 算法的计算消耗对比

3.3　空变误差来源分析

3.3.1　SAR 几何引入的方位空变

在经典理论中，SAR 通常被视为一个方位时不变的系统。但是，由于一些复杂的 SAR 几何关系（如收发分置 SAR）或者严重的轨道弯曲（如 GEO SAR、超高分辨 SAR）的影响，这一假设已不再成立。而基于此假设所提出的典型的成像算法（如 RD、CS、ωK）同样也不再适用，相关结论已经在一些文章中得到证实[35,65,76−79]。

本节尝试从回波生成的角度来说明由于 SAR 几何关系而引入的方位向空变以及在 GEO SAR 情况下经典的 CS 算法存在较大误差。为此，分别通过 ReBP 算法和逆向 CS 算法生成了 LEO 和 GEO 两种情况下的回波数据。需要说明的是，在通过逆向 CS 算法生成回波之前，须对图像进行预处理以补偿两种算法差异（例如，多普勒偏移的影响等）。在获取最终回波之后，对两组回波数据进行对比，得到了其相对幅度误差和相位误差，如图 3.5（见彩插）和图 3.6（见彩插）所示。在 LEO SAR 情况下，幅度误差的均值和标准差分别为 1.26% 和 6.47%；相位误差的均值和标准差分别为 0.22° 和 1.68°；在 GEO SAR 情况下，幅度误差的均值和标准差分别为 0 和 1.03%；相位误差的均值和标准差分别为 −20.5° 和 12.99°。可以看出，在 LEO SAR 情况下，两组结果基本一致，较大的误差主要出现在原始回波方位向的两端，这是由于场景在方位向截断，造成了方位向两端的数据叠加不充分，从而出现了吉布斯效应。但是在 GEO SAR 情况下，两组回波数据具有很大的相位误差，并且相位误差在支撑区内随距离向和方位向都发生了变化。该实验从回波生成的角度证明了方位向空变的存在，以及逆向 CS 算法在进行 GEO SAR 回波仿真时具有较大误差。由此说明，在 GEO SAR 系统信号处理时，不能再采用经典 LEO SAR 所使用的成像方法。

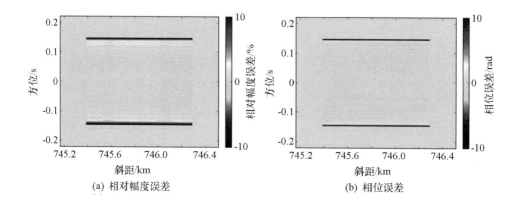

图 3.5　LEO SAR 情况下逆向 CS 和 ReBP 算法生成回波数据对比

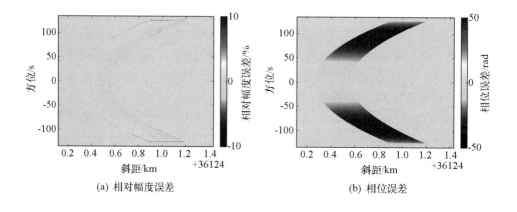

图 3.6　GEO SAR 情况下逆向 CS 和 ReBP 算法生成回波数据对比

3.3.2　对流层延迟影响

　　由于 GEO SAR 超高的轨道高度和超长的合成孔径时间，相比于 LEO SAR，成像过程中将经历更长的对流层跨度，因此，同时也需要考虑合成孔径时间内对流层随时间变化带来的影响。对流层延迟在 GEO SAR 回波数据获取过程中会引入更严重的几何畸变和相位误差，为了实现 GEO SAR 系统中对流层延迟影

响的仿真，本书对 ReBP 算法中距离坐标插值核进行了调整，即

$$\Omega_r : r\left[n_a, m_a\right] + \delta r_{tropo}\left(r_0, n_a; m_a\right] \to r_0 \qquad (3.10)$$

其中，δr_{tropo} 表示由于对流层影响而引入的斜距变化，这里需要考虑其随 SAR 几何关系的变化，同时也需要考虑在合成孔径时间内对流层本身的变化。式（3.10）将会在原始回波中引入距离向位移和相位延迟，这些影响从式（3.5）中可以反映出来。关于对流层的分析与建模，将在第 5 章中进行详细介绍。

3.3.3　获取模式

通过调整天线方向图，ReBP 算法可以用于不同几何结构下多模式回波仿真（如扫描模式、聚束模式、TOPS、凝视模式等），本节以 TOPS 模式为例进行仿真验证。ReBP 算法中，通过改变天线的斜视角，调整波束指向以及对应的成像区域，从而实现 TOPS 模式中不同 burst 之间的切换，即

$$\theta_{sq}\left(t_a\right) = k_{rot}^{TOPS} \cdot t_a + \theta_{sq,c} \qquad (3.11)$$

其中，k_{rot}^{TOPS} 表示在一个 burst 内天线的旋转角速度，$\theta_{sq,c}$ 表示波束中心时刻对应的斜视角。TOPS 模式中子带之间的转换可以通过在距离向升采样时添加距离向滑动窗而实现，其几何示意图如图 3.7（a）所示。由于天线方向图的变化，点目标的距离历程和多普勒中心会随着方位位置的不同而发生改变，如图 3.7（b）所示。

根据表 3.1 中相关的系统参数，本节仿真了 LEO SAR 情况下 TOPS 模式单 burst 单子带的原始回波，为了验证仿真算法的准确性，在场景中沿方位向等间隔布设了三个点目标。将条带模式获取的聚焦图像输入 ReBP 算法，然后生成 TOPS 模式回波数据，进一步通过距离向压缩，得到的处理结果如图3.7（c）所示。可以看出三个点目标的距离历程弯曲与图 3.7（b）中所示多普勒历程一致，从而说明 ReBP 算法可以实现 TOPS 模式的原始回波仿真。

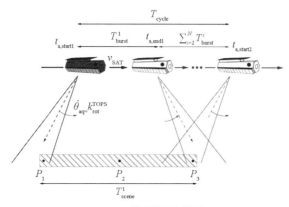

(a) TOPS模式的几何模型

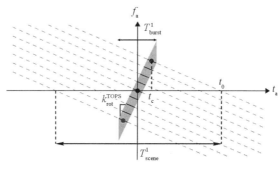

(b) TOPS模式多普勒历程

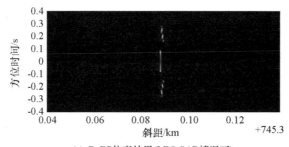

(c) ReBP仿真结果(LEO SAR情况下)

图 3.7 TOPS 模式的几何模型、多普勒历程和 ReBP 仿真结果

3.4　仿真实验

经典的频域回波仿真方法能够高效地实现场景目标的回波仿真，时域逐点回波仿真方法能够准确地实现点目标的回波仿真。本书提出的基于 ReBP 的回波仿真方法兼顾了以上两类算法的优点，在仿真精度方面，第 3.3.1 节中已给出与经典逆向 CS 回波仿真算法的对比，从图 3.5 和图 3.6 所示结果可以看出，本书方法能够精确地仿真回波中的二维空变，保证了回波数据的准确性；在仿真效率方面，由于传统的频域算法忽略了数据的方位向空变，其计算复杂度约为 $O(N^2)$，效率高于本书所采用的回波仿真方法 $O(N^3)$，但相对于传统的时域逐点回波仿真方法 $O(N^4)$，本书方法在保证精度的同时，效率也得到显著提高。下面通过扩展目标对仿真回波数据的精度进行验证。

3.4.1　杂波仿真

为了验证 ReBP 算法的准确性，首先利用高斯噪声生成的杂波图像进行仿真试验，相应的数据处理过程如图 3.8 所示。根据系统在距离向和方位向上的过采样系数，在频域对杂波图像进行加窗预处理，进而将处理之后的图像作为 ReBP 算法的输入以及参考图像，如图 3.9（a）（见彩插）所示；进一步结合表 3.1 中 LEO SAR 系统参数，获取了杂波图像对应的原始回波数据。

在此基础上，通过 BP 算法对 ReBP 算法生成的回波数据进行聚焦处理，然后对比重聚焦图像与参考图像，二者的相对幅度误差和相位误差如图 3.9（b）和（c）所示（见彩插）。其中，相对幅度误差的均值约为 0.87%，标准差约为 6.69%；相位误差的均值约为 0.01°，标准差约为 4.95°。通过杂波图像的实验结果可以看出，在 LEO SAR 情况下 ReBP 算法能够精确地仿真图像数据的原始回波。

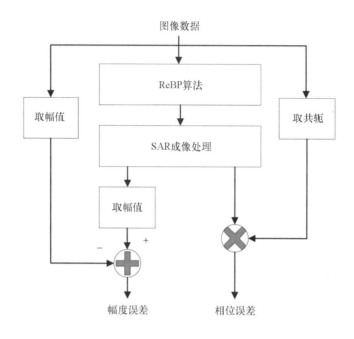

图 3.8　ReBP 算法验证试验处理过程

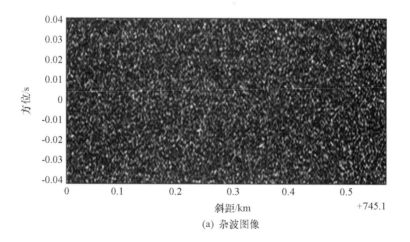

(a) 杂波图像

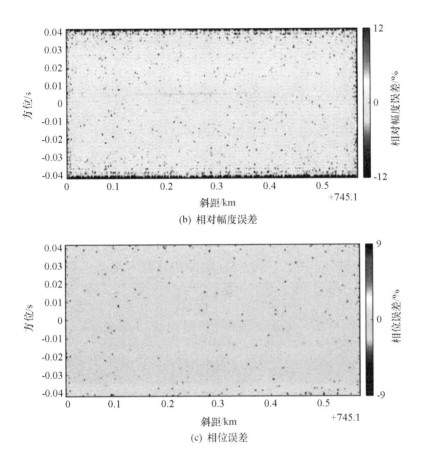

(b) 相对幅度误差

(c) 相位误差

图 3.9　高斯杂波仿真验证

3.4.2　Sentinel - 1 数据仿真

本节通过 Sentinel - 1 星载 SAR 系统的实测图像数据验证 GEO SAR 情况下 ReBP 算法的准确性，相应的系统参数如表 3.1 所示。首先选取 Sentinel - 1 在西班牙 Zaragoza 山脉附近获取的一幅 SAR 图像为参考。由于原始图像是通过 TOPS 模式获取的，为了简化处理，本文通过升采样后加低通滤波器的处理方法，将其转化成条带模式图像。根据图 3.8 所示处理流程，最终获取了重聚焦后的 SAR 图像，图 3.10 为参考图像和重聚焦图像的幅度图。需要说明的是，由于本实验重点主要关注 ReBP 算法中 SAR 几何、传播等因素引入的相位和位置变化，因此没有考虑 Sentinel – 1 C 波段转变成 GEO SAR L 波段而造成的后向散射特性的变化。

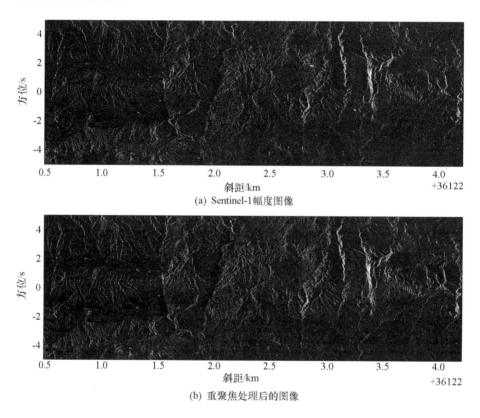

图 3.10　Sentinel – 1 幅度图像及重聚焦处理后的图像

　　从图上可以看出，重聚焦结果精确地复现了参考图像，没有明显的散焦和定位误差。为了进一步定量地分析处理结果，图 3.11（见彩插）示意了两幅图像的相对幅度误差和相位误差。

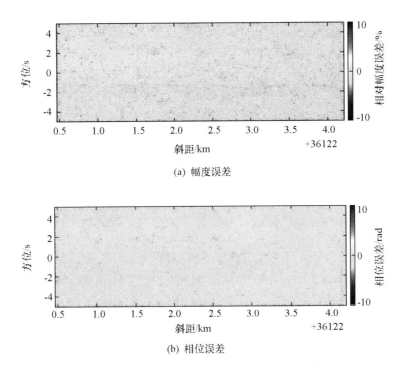

(a) 幅度误差

(b) 相位误差

图 3.11　Sentinel – 1 图像和重聚焦图像的相对幅度和相位误差

　　其中，相对幅度误差的均值近似为零，标准差约为 2.18%；相位误差的均值近似为 0，标准差约为 1.106°。从实验结果可以看出，ReBP 算法精确地实现了 GEO SAR 情况下实测 SAR 图像数据的原始回波仿真。

3.5　本章小结

本章针对 GEO SAR 回波仿真展开研究。首先，对 SAR 回波仿真的发展历程进行综述，根据仿真目标、仿真方法的不同等对回波仿真进行分类，并论述了其优缺点。其次，进一步地分析了 GEO SAR 回波数据，由于其数据量巨大，存在严重的二维空变，因此典型的回波仿真方法无法兼顾回波仿真的准确性和高效性。在典型仿真方法的基础上，本书尝试通过 ReBP 的方法进行回波仿真，在保证准确性的前提下，通过算法的优化，显著提高了仿真的效率。再次，分析了 ReBP 算法的频谱特性、"停 – 走 – 停"假设引入误差、计算复杂度、SAR 几何引入的方位空变、对流层影响、数据获取模式等问题，使 ReBP 算法不仅可以用于 GEO SAR 回波仿真，还可用于收发分置、中高轨、超高分辨等先进 SAR 系统的多模式回波仿真。最后，通过 ReBP 算法，分别仿真了高斯噪声杂波图像和 Sentinel – 1 实测数据图像在 LEO SAR 和 GEO SAR 情况下的回波数据，通过对比参考图像和重聚焦图像的相对幅度误差和相位误差，验证了该算法的精确性。本书的回波仿真将场景视为一个椭球平面，而没有考虑实际地面高程的变化。如果加入地面高程的影响，场景建模的效率会随着逐像素点的高程变化而显著降低，如何进行合理的近似，在保证精度的同时提高仿真效率是一个有待解决的重要问题。此外，地面高程将影响 SAR 成像几何，与原有的空变误差形成耦合，进一步增加数据处理的难度，这是 GEO SAR 高精度回波仿真与成像处理有待解决的难点问题。

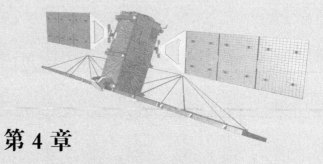

第4章
GEO SAR 二维空变数据的建模与成像处理

　　成像处理是 SAR 理论中的一个经典话题，也是 SAR 系统预研和信号处理中的一个重要研究方向。对于每一个新的 SAR 系统，成像处理都是系统实现与应用的核心环节。GEO SAR 系统超高的轨道高度引入了一系列的挑战，由此引起的几何结构的变化使成像问题成为 GEO SAR 系统实现的难点之一。本章分别通过频域算法和时域算法对 GEO SAR 回波数据进行成像处理：频域成像处理时，首先以精确的高阶泰勒展开模型为基础，考虑到 GEO SAR 在距离向和方位向的严重空变，建立了二维空变的斜距模型。以经典的 RD、ωK 算法为基础，推导了空变模型下对应的二维频域、距离徙动量、方位压缩、交叉耦合项的表达式。在空变模型的基础上，提出了可实现距离和方位空变补偿的 RD-ACS 和 ωK-3ACS 成像处理算法，分别用于补偿不同程度的距离向和方位向空变误差。本书将相位划分为一致相位、距离空变相位和方位空变相位，分别在二维频域实现一致相位补偿，在 RD 域进行残余距离徙动的补偿，最后通过方位向的时频域变换，利用改进的非线性调频变换 (non-linear chirp scaling, NLCS) 实现方位空变补偿。时域成像处理时，将二维空变的斜距模型引入 BP 算法，通过优化几何定标、插值、波束投影方式等，降低计算冗余，提高了运算效率。该算法的优点在于可以精确地进行任意几何架构下回波数据的成像处理，此外还可以通过并行处理、内存规划等进行加速，以弥补效率方面的不足。

4.1   SAR 成像理论简述

最早出现的雷达回波成像处理技术是多普勒波束锐化技术，Wiley 于 1951 年首先提出了 SAR 的原始概念，并称之为多普勒波束锐化。而在此之后，通过变斜视角进行的区域平面位置指示处理模式也被命名为 SAR 多普勒波束锐化模式。因此，在 SAR 领域，多普勒波束锐化具有两层含义：（1）SAR 成像处理的原始概念；（2）斜视 SAR 区域平面位置指示处理模式的名称。1952 年，伊利诺伊大学对 SAR 的概念进行了论证。次年，美国多所大学和实验室共同提出了密西根计划，对 SAR 进行了系统性的讨论[80]。

在此之后，SAR 遥感技术逐渐得到人们的关注，由于其全天时、全天候的观测优势，SAR 遥感技术成为光学观测方法的重要补充。1970 年，Harger 提出了利用光学傅里叶变换，结合激光波束和透镜组进行 SAR 数据聚焦处理的方法，进一步推进了 SAR 成像技术的发展[81]。1978 年，美国成功发射了世界上第一颗用于海洋观测的星载 SAR 卫星——Seasat，美国喷气推进实验室和麦克唐纳·德特威勒联合有限公司提出了基于数字处理器的距离多普勒算法[62]。

1987 年，意大利米兰理工大学的 Rocca 从地震信号处理领域引入了波方程处理技术，通过 Stolt 变换理论，得到了电磁波方程在频域的精确解。并在此基础上提出了 ωK 成像算法，用于实现大带宽、大斜视观测下的成像处理，从而为广域高分辨成像提供了方法基础[82]。

在现当代科学史上，同一理论被不同的学者先后提出的例子并不少见。技术的发展往往是在经历了一定的量变之后而出现必然的质变。无独有偶，1992 年，德国宇航局和加拿大英属哥伦比亚大学在国际地球科学与遥感大会（IGARSS）上同时提出了更为快速的 CS 算法。该算法通过线性调频处理替代插值处理，从而显著地提高了成像效率[83-84]。

随着 SAR 高分辨图像需求的不断提高，SAR 回波数据的方位向空变问题逐渐得到了人们的关注。Wong 等人首先提出将泰勒展开模型用于收发分置 SAR 成像处理过程中，进而通过 NLCS 进行方位向空变的补偿[65]。

频域算法的主要缺点在于，其推导是基于线性孔径假设，而不容易扩展到通常情况下的非线性孔径。部分学者也提出了一些方法对非线性运动误差进行补偿。例如，将图像划分成子图，然后对数据进行分段处理，以补偿运动误差随方位时间的变化[85]。但是如此一来，图像的分割与拼接会极大地降低处理效率。因此，空变问题已成为未来广域高分辨 SAR 系统成像所面临的重要问题之一。此外，频域算法还面临其他问题：如时频域变换会占用很大的内存空间，对于有限带宽的数据进行插值处理时，为避免混叠需要进行补零处理等[86]。

最显而易见的解决办法就是在时域进行成像处理，即通过一个参考核函数与回波进行卷积处理，从而实现匹配滤波，得到最终的 SAR 图像，该方法类似于层析信号处理领域的后向投影技术，因此被称为 BP 算法[87]。其优点是可以准确地进行成像，缺点是计算量巨大。在此之后，Ulander 等人提出了快速BP 算法，结合 SAR 成像几何，进行近似处理，以提高处理速度[86]。Rodriguez等人将快速 BP 算法引入收发分置 SAR 成像中，实现了机载、星载收发分置SAR 的实测数据成像处理[88]。

4.2　GEO SAR 频域成像处理

频域成像处理是基于以下假设展开的：在不考虑卫星轨道摄动等因素的影响下，GEO SAR 回波数据的空变主要来自成像几何的变化以及地球自转的影响，而这些影响在方位向和距离向都是缓变的，因此，可以通过低阶的多项式函数对其变化进行拟合建模。

4.2.1　GEO SAR 二维空变建模

根据式（2.6）给出的高阶泰勒展开斜距模型，我们考虑数据获取过程中二维空变的影响。对于场景中不同目标点，不同的卫星方位时刻，其所对应的斜距历程都是变化的，相应的高阶模型的系数也会随之而变化。因此，可以通过各阶系数的空变建模来实现斜距模型的空变建模，本书通过高阶拟合的方法来实现相应的建模。在经典 SAR 理论中，通常用方位时间和斜距对数据进行描述。为了更清楚地解释建模过程，本书定义传统的方位时间和斜距为回波域的方位时间和斜距，引入新的图像域的方位时间和斜距。将雷达波束中心扫过场景各点的时间定义为图像域的方位时间，选取扫过场景中心点的时刻为参考零时刻；图像域的斜距定义为各个点目标在其对应的方位时间上雷达与目标的斜距长度，如图 4.1 所示（见彩插）。

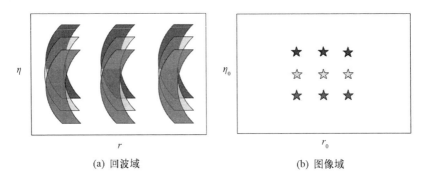

(a) 回波域　　　　　　　　　　(b) 图像域

图 4.1　SAR 成像中的回波域与图像域

在此基础上，尝试建立斜距历程的空变模型[35]，将斜距历程的空变沿距离向和方位向进行分解，如图 4.2 所示。首先，对场景中的点目标分别沿方位向和距离向进行粗采样。在图 4.2（a）中，O 表示场景中心点，O_j（$j = 1, \cdots, n$）表示同一方位时间上等斜距间隔分布的点目标。类似地，在图 4.2（b）中，O_j（$j = 1, \cdots, n$）表示同一斜距上沿方位向等时间间隔分布的点目标。然后，计算出每一个样本的斜距历程，进一步地沿回波域方位时间进行高阶展开。这样一来，对于每一个样本目标点都可以得到高阶展开斜距模型及对应的各阶系数。进一步地建立斜距模型的各阶系数与样本目标点所在图像域方位时间和斜距的关系，可以得到二维空变的泰勒展开斜距模型，即

$$R^N(\eta; \eta_0, r_0) \approx r_0 + \sum_{i=1}^{N} k_i(\eta_0, r_0) \cdot (\eta - \eta_0)^i \tag{4.1}$$

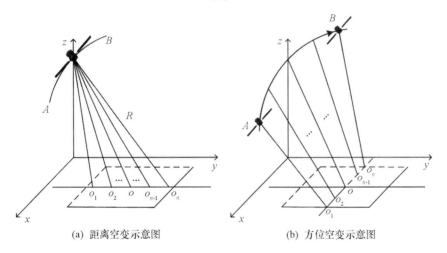

(a) 距离空变示意图 (b) 方位空变示意图

图 4.2 斜距历程的空变几何

本书将 $k_i(\eta_0, r_0)$ 沿距离向和方位向分解为 $k_{i-r}(r_0)$ 和 $k_{i-a}(\eta_0)$。以轨道倾角为 60°的 GEO SAR 系统为例，对赤道附近各阶系数的变化趋势进行仿真。距离空变如图 4.3 所示，其中，纵坐标中 k_i 表示斜距模型在场景中心位置处对应的 i 阶系数，k_{ij} 表示场景中第 j 个距离向采样点对应的斜距模型的 i 阶系数，如图 4.2（a）所示。可以看出各阶系数随图像域斜距近似成线性变化，考虑到一些情况下 GEO SAR 存在严重的距离空变，以及在广域测绘方面的应用，本书建立高阶斜距模型的系数随图像域斜距的二阶变化模型

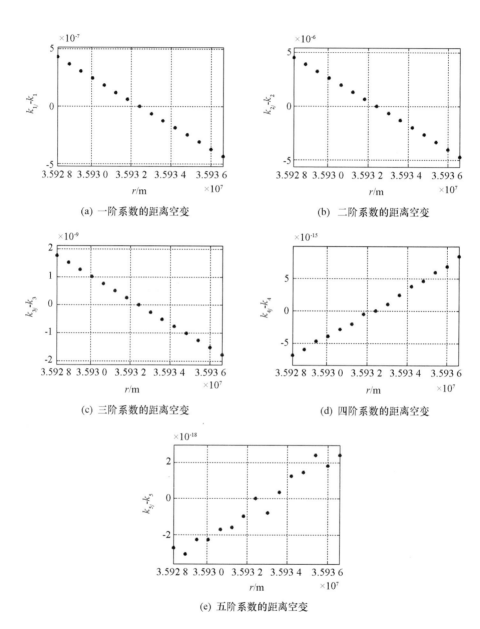

(a) 一阶系数的距离空变

(b) 二阶系数的距离空变

(c) 三阶系数的距离空变

(d) 四阶系数的距离空变

(e) 五阶系数的距离空变

图 4.3　高阶模型系数的距离空变

$$k_{i-r}\,(r_0)\,\approx A_{i-r}\cdot(r_0-R_0)^2+B_{i-r}\cdot(r_0-R_0)+k_i,\quad i=1,\cdots,N$$

$$(4.2)$$

其中，A_{i-r}，B_{i-r}（$i=1,\cdots,N$）分别表示斜距模型第 i 阶系数随图像域斜距变化的二阶和线性空变系数。以样本点对应的各阶系数为输入，通过最小二乘法，可以拟合得到各阶系数的距离空变系数。需要说明的是，参考点的位置可以根据获取模型等因素而调整，本章模型将参考点选择在场景中心点处。

以类似的方式计算了高阶斜距模型系数随图像域方位时间的变化趋势，如图 4.4 所示，其中，纵坐标中 k_{ij} 表示场景中第 j 个方位向采样点（如图 4.2（b））对应的斜距模型的 i 阶系数。与距离空变略有不同的是，奇数阶系数随图像域方位时间呈线性变化，而偶数阶系数随图像域方位时间呈二阶变化。这里需要特别说明的是二阶系数的变化，当合成孔径时间较短或者沿方位向的成像范围较小时，可以认为其沿方位向是线性空变的；而对于高分辨、长合成孔径时间、方位向大成像范围等情况下，需要采用二阶空变模型。根据图 4.4 建立相应的系数空变模型为

$$k_{i-a}\,(\eta_0)\,=A_{i-a}\cdot\eta_0^2+B_{i-a}\cdot\eta_0+k_i,\quad i=2,4,6\cdots$$
$$k_{i-a}\,(\eta_0)\,=B_{i-a}\cdot\eta_0+k_i,\quad i=1,3,5,\cdots$$

$$(4.3)$$

同样地，可以利用样本点的各阶系数，通过最小二乘法求解 A_{i-a}，B_{i-a}。

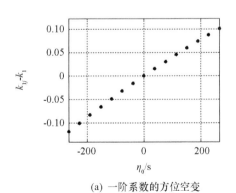

(a) 一阶系数的方位空变

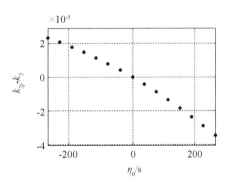

(b) 二阶系数的方位空变

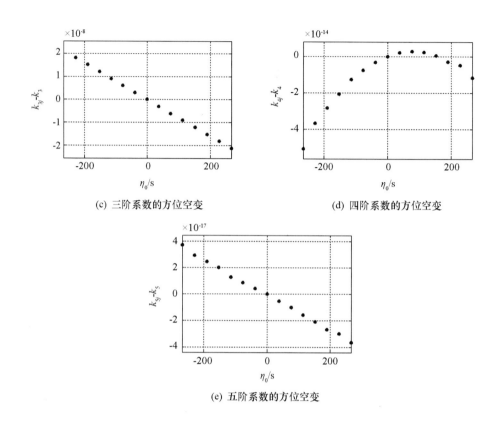

(c) 三阶系数的方位空变　　　　　　　(d) 四阶系数的方位空变

(e) 五阶系数的方位空变

图 4.4　高阶模型系数的方位空变

4.2.2　空变误差分析

根据式（2.40）、式（2.42）和式（2.44）可以推导出高阶模型对应的方位压缩相位、距离徙动和二次距离压缩相位。在上一节空变模型的基础上，本节考虑 GEO SAR 成像中斜距历程的空变对于以上相位的影响。首先，考虑距离空变引入的影响，在选取场景中心为参考点后，可以计算出残余的方位压缩相位、距离徙动和二次距离压缩相位

$$\Delta_{AC-r}\ (r_0)\ \approx \max_{(f_\eta)}\ \left[\ \varPhi\ (f_\eta,\ r_0)\ -\varPhi\ (f_\eta,\ R_0)\ \right]$$

$$\Delta_{RCM-r}\ (r_0)\ \approx \max_{(f_\eta)}\ \left[\ \Delta R_{RCM}\ (f_\eta,\ r_0)\ -\Delta R_{RCM}\ (f_\eta,\ R_0)\ \right]$$

$$\Delta_{SRC-r}\ (r_0)\ \approx \max_{(f_\tau,f_\eta)}\ \left[\ \varPhi_{SRC}\ (f_\tau,\ f_\eta,\ r_0)\ -\varPhi_{SRC}\ (f_\tau,\ f_\eta,\ R_0)\ \right]$$

$$(4.4)$$

本书仿真了 GEO SAR 系统下，距离向 100 km 测绘带宽内残余相位随图像域斜距的变化趋势，结果如图 4.5 所示，（a）表示残余方位压缩相位随斜距的变化，（c）表示残余距离徙动随斜距的变化，（e）表示残余二次距离压缩相位随斜距的变化。从图中可以看出，残余方位压缩相位远远大于 45°，这一影响在 GEO SAR 成像过程中必须加以考虑；而残余距离徙动量和二次距离压缩相位很小，其影响在成像过程中可以忽略不计。

同样地，定义方位空变引入的残余方位压缩相位、距离徙动和二次距离压缩相位

$$\Delta_{AC-a}\ (\eta_0)\ \approx \max_{(f_\eta)}\ \left[\ \varPhi\ (f_\eta,\ \eta_0)\ -\varPhi\ (f_\eta,\ 0)\ \right]$$

$$\Delta_{RCM-a}\ (\eta_0)\ \approx \max_{(f_\eta)}\ \left[\ \Delta R_{RCM}\ (f_\eta,\ \eta_0)\ -\Delta R_{RCM}\ (f_\eta,\ 0)\ \right]$$

$$\Delta_{SRC-a}\ (\eta_0)\ \approx \max_{(f_\tau,f_\eta)}\ \left[\ \varPhi_{SRC}\ (f_\tau,\ f_\eta,\ \eta_0)\ -\varPhi_{SRC}\ (f_\tau,\ f_\eta,\ 0)\ \right]$$

$$(4.5)$$

在 GEO SAR 情况下，方位向 100 km 的范围内，残余方位压缩相位、距离徙动、二次距离压缩相位随图像域方位时间的变化分别如图 4.5（b）、（d）、（f）所示。类似于距离向空变，残余方位压缩相位很大，在成像中必须考虑；残余距离徙动和二次距离压缩相位较距离空变有所增加，但其影响仍然可以忽略不计。

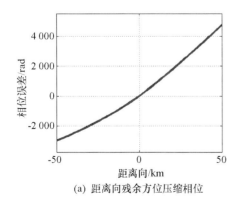

(a) 距离向残余方位压缩相位

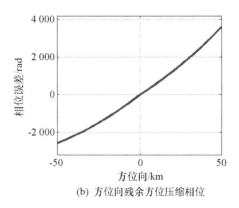

(b) 方位向残余方位压缩相位

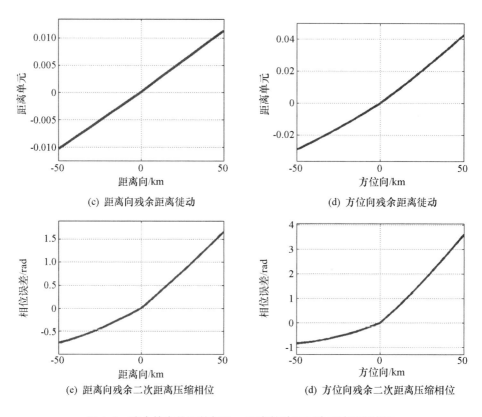

(c) 距离向残余距离徙动   (d) 方位向残余距离徙动

(e) 距离向残余二次距离压缩相位   (d) 方位向残余二次距离压缩相位

图 4.5　残余的方位压缩相位、距离徙动和二次距离压缩相位

4.2.3　成像处理与空变误差补偿

　　在之前章节建模与误差分析的基础上，本节进行 GEO SAR 成像处理与空变误差的补偿。考虑到残余距离徙动和二次距离压缩可以忽略不计，拟采用类似于 ωK 的补偿思路，即先进行一致相位补偿，然后分别进行残余距离空变相位的补偿和残余方位空变相位的补偿，最终得到聚焦良好的 SAR 图像，其处理过程如图 4.6 所示。

　　首先，选取场景中心为参考点，在二维频域进行一致相位补偿，补偿相位即为参考点的二维频域相位，参见式（2.39）。在一致相位补偿之后，变换回二维时域可以发现，此时场景中心点已实现完美聚焦，而其余位置目标由于残余相位的存在，仅仅实现了初步的聚焦，仍然存在一定的散焦，且散焦程度随

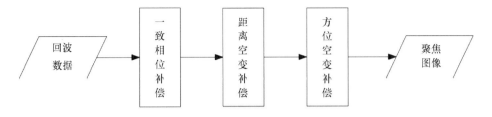

图 4.6　GEO SAR 成像处理过程

着图像域的方位时间和斜距偏离中心位置的程度而逐渐加大。此时，须运用以下方法，进行相应的距离向空变补偿和方位向空变补偿。

1. 距离向空变补偿

在一致相位补偿之后，将数据变换到距离 – 多普勒域，进一步考虑距离空变引入的残余相位。由于二次距离压缩相位和残余的距离徙动可以忽略不计，只考虑由距离空变引入的方位压缩相位的变化，一致补偿是以中心点相位为参考，因此可以得到距离空变残余相位的表达式为

$$\Phi_{range}\left(f_{\eta},\ r_0\right)\approx\Phi_{ac}\left(f_{\eta},\ r_0\right)-\Phi_{ac}\left(f_{\eta},\ R_0\right) \tag{4.6}$$

通过表达式可以看出，距离空变残余相位是两个方位压缩相位的差值。可以理解为，首先对数据进行方位向反压缩，然后根据每个目标点所在的图像域斜距的不同，通过相应的方位压缩相位进行匹配滤波，从而补偿由于距离空变引入的误差，最终实现完全的方位压缩。在完成距离空变的补偿之后，如果将数据变换回二维时域可以发现，与场景中心点具有相同图像域方位时间的所有点目标都已经完全聚焦，不同方位时间的点目标随方位时间偏移量的增大，散焦程度逐渐加剧。

2. 方位向空变补偿

方位向空变补偿与距离向空变补偿具有很大的不同，从时频域处理的角度考虑，在距离空变补偿时，方位压缩相位是随距离时域和方位频域变化的，因此可以在距离多普勒域通过相位相乘进行反补偿；而方位空变补偿时，方位压缩相位既随方位时间变化又随方位频率变化，这种时频域的纠缠是无法简单地通过在某个域的相位相乘而实现补偿的。但是，方位空变在时域是一个平缓变化的过程，因此可以根据之前的方位空变建模进一步结合 ACS，在方位时域和

频域通过相位相乘实现空变补偿[35,65]。由于 ACS 依赖于空变模型的阶数，根据前文方位空变建模时的分析，这里分两种情况进行补偿处理：（1）高阶斜距模型二阶系数的线性空变[89]；（2）高阶斜距模型二阶系数的二阶空变[35]，其处理过程分别如图 4.7（a）和（b）所示。其中，FFT 表示快速傅里叶变换（fast Fourier transform，FFT），IFFT 表示逆快速傅里叶变换（inverse fast Fourier transform，IFFT）。方位向空变补偿基于以下假设展开：（1）由于常数项和线性项不会对图像聚焦产生影响，因此在补偿时不考虑其方位空变的影响；（2）相比于二阶项和三阶项的空变，四阶和五阶的影响可以忽略不计。

首先，针对第一种情况，对一致、距离空变补偿后的数据进行方位压缩相位的反补偿，变换到时域之后，得到方位向未聚焦的回波数据，进而建立方位空变的斜距模型

$$\Delta R\,(\eta,\,\eta_0) = (B_{2-a}\eta_0 + k_2)\cdot(\eta - \eta_0)^2 + (B_{3-a}\eta_0 + k_3)\cdot(\eta - \eta_0)^3 \\ + k_4\cdot(\eta - \eta_0)^4 + k_5\cdot(\eta - \eta_0)^5 \tag{4.7}$$

式中，二阶项的空变会引起主瓣的展宽，三阶项的空变会使得脉冲响应出现明显的高低旁瓣。为了补偿二阶项和三阶项系数的线性空变，首先，在二维时域引入一个更高阶的变标方程

$$\Phi_{acs-t}\,(\eta) = \frac{4\pi}{\lambda}\cdot\left[\frac{B_{2-a}}{3}\eta^3 + \frac{B_{3-a}}{4}\eta^4\right] \tag{4.8}$$

然后，利用级数反演和驻定相位原理，推导出方位频域相应的补偿相位

$$\Phi_{acs-f}\,(f_\eta,\,r) \approx -\frac{4\pi}{\lambda}\cdot\left[k_2\eta_{SPP}^2(f_\eta,\,r) + k_3\eta_{SPP}^3(f_\eta,\,r) + k_4\eta_{SPP}^4(f_\eta,\,r)\right.$$
$$\left. + k_5\eta_{SPP}^5(f_\eta,\,r) - \frac{B_{2-a}}{3}\eta_{SPP}^3(f_\eta,\,r) + \frac{B_{3-a}}{4}\eta_{SPP}^4(f_\eta,\,r)\right] - 2\pi f_\eta\eta_{SPP}\,(f_\eta,\,r)$$
$$\tag{4.9}$$

其中，$\eta_{SPP}\,(f_\eta,\,r)$ 表示对应的驻定相位点（stationary phase point，SPP），其表达式为

$$\eta_{SPP}\,(f_\eta,\,r) \approx -\frac{\lambda f_\eta}{4k_2} + \frac{\lambda^2 f_\eta^2(B_{2-a} - 3k_3)}{32k_2^3}$$
$$- \frac{\lambda^3 f_\eta^3(B_{2-a}^2 + k_2 B_{3-a} - 6k_3 B_{2-a} + 9k_3^2 - 4k_2 k_4)}{128k_2^5} \tag{4.10}$$

对于第二种情况，在一致、距离空变补偿之后，进行方位压缩相位的反补偿，进一步变换到时域，建立方位空变的斜距模型

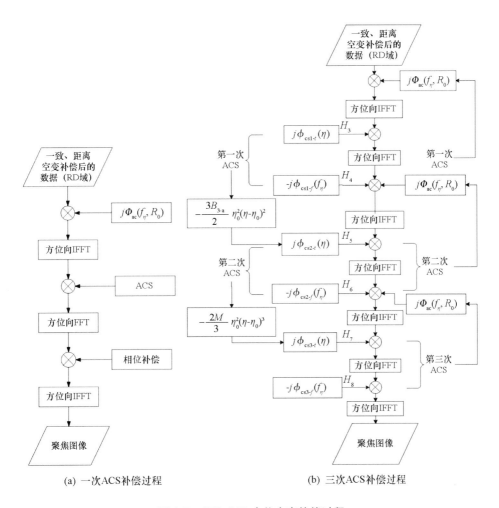

(a) 一次ACS补偿过程　　　　　(b) 三次ACS补偿过程

图 4.7　GEO SAR 方位空变补偿过程

$$\Delta R\left(\eta,\ \eta_0\right) = \left(A_{2-a}\eta_0^2 + B_{2-a}\eta_0 + k_2\right)\cdot\left(\eta-\eta_0\right)^2$$
$$+ \left(B_{3-a}\eta_0 + k_3\right)\cdot\left(\eta-\eta_0\right)^3$$
$$+ k_4\cdot\left(\eta-\eta_0\right)^4 + k_5\cdot\left(\eta-\eta_0\right)^5 \qquad (4.11)$$

同样地，采用 ACS 进行方位空变的补偿，但需要注意，$A_{2-a}\eta_0^2\left(\eta-\eta_0\right)^2$ 和 $B_{3-a}\eta_0\left(\eta-\eta_0^3\right)$ 都需要有一个四阶项进行调频尺度变换处理，其对应的系数分别为 $-A_{2-a}/6$ 和 $-B_{3-a}/4$。而几乎所有的情况下，这两个数值都是不相等的，也即意味着不能通过仅仅一次的 ACS 处理就实现方位空变的补偿。在充分考虑其相互之间的影响后，本书提出了三次 ACS 的方法进行方位空变补偿，其处理流程如图 4.7（b）所示。

首先，考虑三阶项 $B_{3-a}\eta_0(\eta-\eta_0^3)$ 的影响，建立相应的方位空变的高阶斜距模型

$$\Delta R(\eta,\eta_0) = k_2 \cdot (\eta-\eta_0)^2 + (B_{3-a}\eta_0 + k_3) \cdot (\eta-\eta_0)^3$$
$$+ k_4 \cdot (\eta-\eta_0)^4 + k_5 \cdot (\eta-\eta_0)^5 \tag{4.12}$$

其对应的调频尺度变换函数为

$$\phi_{cs1-t}(\eta) = -\frac{4\pi}{\lambda}\left(-\frac{B_{3-a}}{4}\eta^4\right) \tag{4.13}$$

需指出的是，上式会在时域引入另一个二阶空变项 $3B_{3-a}\eta_0^2(\eta-\eta_0)^2/2$，其影响将在第二次 ACS 处理时加以考虑。结合式（4.12）和式（4.13），可以得到相应的频域补偿相位

$$\phi_{cs1-f}(f_\eta) \approx \frac{4\pi}{\lambda} \cdot [k_2\eta_{SPP1}^2(f_\eta) + k_3\eta_{SPP1}^3(f_\eta) + k_4\eta_{SPP1}^4(f_\eta) + k_5\eta_{SPP1}^5(f_\eta)]$$
$$+ 2\pi f_\eta \eta_{SPP1}(f_\eta) \tag{4.14}$$

其中，驻定相位点的表达式为

$$\eta_{SPP1}(f_\eta) \approx -\frac{\lambda f_\eta}{4k_2} - \frac{3k_3\lambda^2 f_\eta^2}{32k_2^3} - \frac{\lambda^3 f_\eta^3(B_{3-a}k_2 + 9k_3^2 - 4k_2k_4)}{128k_2^5}$$
$$- \frac{5\lambda^4 f_\eta^4(6B_{3-a}k_2k_3 + 27k_3^3 - 24k_2k_3k_4 + 4k_2^2k_5)}{2\,048k_2^7} \tag{4.15}$$

在相位补偿之后，需要进行方位压缩相位的反补偿，为第二次的 ACS 处理做准备。

在第二次 ACS 中，考虑斜距模型二阶空变项 $(A_{2-a}\eta_0^2 + B_{2-a})(\eta-\eta_0)^2$ 以及第一次 ACS 处理时引入的二阶项 $3B_{3-a}\eta_0^2(\eta-\eta_0)^2/2$。此时，对应的高阶斜距模型为

$$\Delta R(\eta,\eta_0) = (M\eta_0^2 + B_{2-a}\eta_0 + k_2) \cdot (\eta-\eta_0)^2 + k_3 \cdot (\eta-\eta_0)^3$$
$$+ k_4 \cdot (\eta-\eta_0)^4 + k_5 \cdot (\eta-\eta_0)^5 \tag{4.16}$$

其中，$M = A_{2-a} - 3B_{3-a}/2$。对应的调频尺度变换函数为

$$\phi_{cs2-t}(\eta) = -\frac{4\pi}{\lambda}\left(-\frac{B_{2-a}}{3}\eta^3 - \frac{M}{6}\eta^4\right) \tag{4.17}$$

调频尺度变换会在时域引入一个空变的三阶项 $2M\eta_0(\eta-\eta_0)^3/3$，其补偿会在第三次 ACS 处理时加以考虑。相应的频域补偿相位表达式为

$$\phi_{cs2-f}\ (f_\eta)\ \approx \frac{4\pi}{\lambda}\cdot\left[\ k_2\eta_{SPP2}^2\ (f_\eta)\ +\left(k_3-\frac{B_{2-a}}{3}\right)\eta_{SPP2}^3\ (f_\eta)\right.$$

$$\left.+\left(k_4-\frac{2A_{2-a}-3B_{3-a}}{12}\right)\eta_{SPP2}^4\ (f_\eta)\ +k_5\eta_{SPP2}^5(f_\eta)\right]+2\pi f_\eta\eta_{SPP2}\ (f_\eta)$$

$$(4.18)$$

其中，驻定相位点的表达式为

$$\eta_{SPP2}\ (f_\eta)\ \approx -\frac{\lambda f_\eta}{4k_2}-\frac{(B_{2-a}-3k_3)\ \lambda^2 f_\eta^2}{32k_2^3}-\frac{\lambda^3 f_\eta^3}{384k_2^5}$$

$$\cdot\ (3B_{2-a}^2+2A_{2-a}k_2-18B_{2-a}k_3-3B_{3-a}k_2+27k_3^2-12k_2k_4)\ -\frac{5\lambda^4 f_\eta^4}{6\ 144k_2^7}$$

$$\cdot\left[\ 3B_{2-a}^3+27B_{2-a}^2k_3+B_{2-a}\ (4A_{2-a}k_2-6B_{3-a}k_2+81k_3^2-24k_2k_4)\right.$$

$$\left.-3\cdot(4A_{2-a}k_2k_3-6B_{3-a}k_2k_3+27k_3^3-24k_2k_3k_4+4k_2^2k_5)\ \right]\quad(4.19)$$

频域相位补偿之后反补方位压缩相位，然后进行第三次的 ACS 处理。

在第三次 ACS 处理时，考虑第二次 ACS 引入的三阶项 $2M\eta_0\ (\eta-\eta_0)^3/3$，相应的方位空变斜距模型为

$$\Delta R\ (\eta,\ \eta_0)\ =k_2\cdot\ (\eta-\eta_0)^2+\ (N\eta_0+k_3)\ \cdot\ (\eta-\eta_0)^3$$

$$+k_4\cdot\ (\eta-\eta_0)^4+k_5\cdot\ (\eta-\eta_0)^5\quad(4.20)$$

其中，$N=-\ (2A_{2-a}-3B_{3-a})\ /3$。对应的调频尺度变换函数为

$$\phi_{cs3-t}\ (\eta)\ =-\frac{4\pi}{\lambda}\left(-\frac{N}{4}\eta^4\right)\quad(4.21)$$

同样地，调频尺度变换会在时域引入一个空变项，但是其影响很小，可以忽略不计。相应的频域补偿相位表达式为

$$\phi_{cs3-f}\ (f_\eta)\ \approx\frac{4\pi}{\lambda}\cdot\left[\ k_2\eta_{SPP3}^2(f_\eta)+k_3\eta_{SPP3}^3(f_\eta)+\left(k_4+\frac{2A_{2-a}-3B_{3-a}}{12}\right)\eta_{SPP3}^4(f_\eta)\right.$$

$$\left.+k_5\eta_{SPP3}^5(f_\eta)\ \right]+2\pi f_\eta\eta_{SPP3}\ (f_\eta)$$

$$(4.22)$$

其中，驻定相位点的表达式为

$$\eta_{SPP3}\ (f_\eta)\ \approx-\frac{\lambda f_\eta}{4k_2}-\frac{3k_3\lambda^2 f_\eta^2}{32k_2^3}-\frac{\lambda^3 f_\eta^3}{384k_2^5}\cdot\ (-2A_{2-a}k_2+3B_{3-a}k_2+27k_3^2-12k_2k_4)$$

$$-\frac{5\lambda^4 f_\eta^4}{6\ 144k_2^7}\cdot\ (-12A_{2-a}k_2k_3+18B_{3-a}k_2k_3+81k_3^3-72k_2k_3k_4+12k_2^2k_5)$$

$$(4.23)$$

通过对比以上两种情况可以看出，随着精度的提高，成像处理的复杂性会

大幅地提高，处理效率也会随之而降低。

4.2.4 仿真结果

为了证明算法的准确性，这里针对更为复杂的第二种情况进行仿真验证，所采用的 GEO SAR 系统参数如表 4.1 所示。

表 4.1　GEO SAR 仿真参数

参数	频率/GHz	带宽/MHz	采样率/MHz	PRF/Hz	纬度幅角/（°）	脉冲宽度/μs
数值	1.25	45	60	240	-6	1

本书仿真的场景大小为 20 km × 20 km，其中 11 × 11 的点阵目标均匀分布于场景中，合成孔径时间长度约为 550 s，方位向理论分辨率为 2.27 m，斜距理论分辨率为 2.95 m。利用第 4.2.3 节提出的算法进行成像处理，成像结果如图 4.8 所示。

图 4.8　GEO SAR 点阵目标成像结果

从图中可以看出，点阵目标得到了很好的聚焦，距离向和方位向交叉"十字"清晰明显。为了进一步展示仿真结果，随机选择了十个位于不同距离向和方位向的点目标进行细节展示。其中，点目标 1、4 和点目标 3、8 相应的方位向剖面结果分别如图 4.9 和图 4.10 所示，图（a）表示没有进行方位空变补偿的结果，可以看出，点目标 3、4、8 均出现散焦，散焦程度随点目标相对于中心位置偏移量增大而加剧；图（b）表示通过非线性 CS 算法[65]成像处理的结果，由于只考虑了二阶变化的影响，因此点目标 3、4、8 存在着不同程度的高低旁瓣；图（c）为通过本书算法获得的聚焦图像，点目标达到了很好的聚焦，脉冲响应的方位向剖面接近理想结果。进一步对点目标的成像质量进行定量的评估，每个点目标对应的分辨率、峰值旁瓣比（PSLR）、积分旁瓣比（ISLR）如表 4.2 所示。设定中心点 1 为参考点，表中示意了其余各点相对于参考点的位置坐标。可以看出，所有点目标的 PSLR 和 ISLR 相对于参考点的偏差都小于 0.3 dB，其分辨率接近理论值。

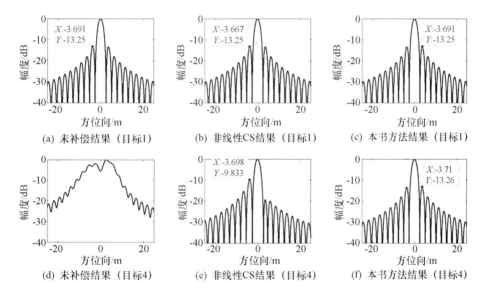

图 4.9　点目标 1、4 方位向剖面图

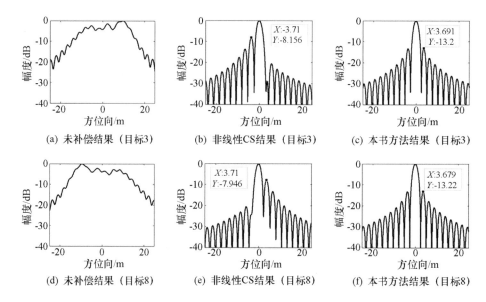

(a) 未补偿结果（目标3）　　(b) 非线性CS结果（目标3）　　(c) 本书方法结果（目标3）

(d) 未补偿结果（目标8）　　(e) 非线性CS结果（目标8）　　(f) 本书方法结果（目标8）

图 4.10　点目标 3、8 方位向剖面图

表 4.2　GEO SAR 仿真结果评估

点目标		分辨率/m		PSLR/dB		ISLR/dB	
序号	坐标/km	方位向	距离向	方位向	距离向	方位向	距离向
1	(0，0)	2.275 4	2.968 8	−13.253 6	−13.018 6	−9.944 3	−10.047 4
2	(0，−10)	2.275 4	2.984 4	−13.237 7	−12.910 0	−9.955 8	−10.045 1
3	(−10，−10)	2.275 4	2.984 4	−13.203 2	−13.006 1	−9.927 2	−10.089 1
4	(−6，−2)	2.275 4	2.960 9	−13.257 3	−13.150 4	−9.961 8	−10.101 8
5	(−8，6)	2.275 4	2.968 8	−13.163 4	−12.992 3	−9.873 6	−10.058 0
6	(−4，10)	2.275 4	2.976 6	−13.236 3	−12.962 2	−9.944 9	−10.041 4
7	(6，10)	2.238 7	2.953 1	−13.065 3	−13.204 6	−9.766 7	−10.139 2
8	(10，6)	2.269 3	2.984 4	−13.217 5	−12.950 8	−9.931 0	−10.043 3
9	(6，−6)	2.275 4	2.960 9	−13.213 7	−13.146 0	−9.908 4	−10.106 9
10	(10，−10)	2.271 8	2.976 6	−12.911 5	−12.940 1	−9.589 6	−10.027 6

　　以上仿真结果验证了本书所提出的频域成像方法的准确性，该方法能够有效实现 GEO SAR 广域高分辨成像处理。但是，从图 4.7（b）可以看出，为了实现聚焦，需要在时频域进行多次傅里叶变换，这些操作极大地降低了成像处

理的效率。

西安电子科技大学的 Sun 提出了基于子带划分的 GEO SAR 二维空变成像处理算法[34]，该算法通过划分子带的方式，对每个子带内的方位空变进行补偿处理，然后通过子带合成实现方位空变的整体补偿，该方法假设每个子带内方位空变是线性的，因此可以通过二阶的方位 CS 进行补偿处理。该算法进行了 860 s 内 95 km × 82 km 的仿真实验，相比于 Sun 的算法，本书算法在方位向空变补偿处理时没有做过多的近似处理，因此具有更高的处理精度；但在方位向聚焦范围上，Sun 的算法优于本书算法。此外，成都电子科技大学 Hu 提出了基于广义 ωK 算法的 GEO SAR 成像处理方法[36]，通过频域的二维插值，实现二维空变的补偿处理。就效率方面而言，二维插值是一个十分耗时的操作，会降低处理效率，但总体效率优于本书算法。相关论文进行了 100 s 合成孔径时间内 100 km × 100 km 的仿真实验，从论文所展示的仿真结果看，本书算法处理严重方位空变的能力优于 Hu 的算法。

通过以上算法对比分析可知，在数据的空变处理上，尤其是方位向的空变处理，会使得频域算法的复杂度显著提高。此外，在频域成像处理的过程中，本书只关注了最终的成像实现，而没有考虑空变引入的几何畸变和保相性等问题，而这些问题在 GEO SAR 数据的后期应用中（如干涉、差分干涉等）是至关重要的。由于空变引入的几何畸变校正和保相补偿会进一步增加频域算法的复杂度，下一节将从时域的角度对 GEO SAR 成像处理进行分析，在保证精确性的基础上，就如何提高成像效率提出了改进措施。

4.3　GEO SAR 时域成像处理

4.3.1　BP 算法处理流程

从 Munson 首次将层析理论引入 SAR 成像处理领域之后[87]，BP 成像算法被广泛地应用于各种模式、各种平台下的数据处理[88,90-91]，其能够精确地反演出 SAR 成像处理过程中相位信息的变化，因此可以应用于任意几何结构、任意成像模式、任意分辨率的 SAR 系统。此外，BP 算法可以通过并行处理和图形处理器（graphics processing unit，GPU）进行加速，以弥补其在处理效率方面的不足。

其核心是通过时域的卷积处理而实现图像域中每一个点目标的聚焦，即

$$i(t_0,r_0) = \int_{t_0-\frac{T}{2}}^{t_0+\frac{T}{2}} s_{\mathrm{RC}}(t_{\mathrm{a}},r) \cdot \exp\left\{\mathrm{j} \cdot 2\pi \cdot \frac{r(t_{\mathrm{a}},t_0,r_0) - r_0}{\lambda}\right\}\mathrm{d}t_{\mathrm{a}} \quad (4.24)$$

其中，$s_{\mathrm{RC}}(t_{\mathrm{a}},r)$ 表示距离压缩处理后的回波数据，$r(t_{\mathrm{a}},t_0,r_0)$ 表示回波域 t_{a} 时刻，图像域（t_0,r_0）位置处对应的雷达到目标点的双程斜距。图像域中每一个点目标可以通过合成孔径时间范围内距离压缩数据相位调制后相干叠加得到，本书中相应的实现过程如图 4.11 所示，其主要包括距离压缩、波束后向投影、数据一维化、升采样、插值、相位补偿、数据二维化等步骤，下面针对各个步骤的实现过程以及应注意的地方展开介绍。

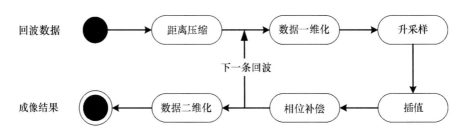

图 4.11　BP 算法处理过程

类似于频域处理算法，BP 算法可以通过距离频域的相位相乘实现整个回

波数据的距离压缩，即

$$S_{RC}\left(t_a, f_r\right) \approx S\left(t_a, f_r\right) \cdot \exp\left(j \cdot \pi \cdot \frac{f_r^2}{K_r}\right) \tag{4.25}$$

其中，$S_{RC}\left(t_a, f_r\right)$ 表示距离压缩数据 $s_{RC}\left(t_a, r\right)$ 的傅里叶变换，$S\left(t_a, f_r\right)$ 表示回波数据的傅里叶变换。在得到距离压缩数据之后，根据雷达位置和天线姿态，计算出图像域中的每个像素点是否在照射范围内，这一操作可以减少最后成像中引入的误差以及减小后续处理的运算量。照射范围是随着回波域时间、图像域时间和图像域斜距变化的，也是 BP 算法中相对耗时较多的步骤，后续会给出相应的优化处理方法。其次，为了方便进行插值操作，将处于照射范围内的图像域像素点进行一维化处理。插值操作是 BP 算法的核心部分，也是计算量最大的步骤，因此，插值方法的选择会极大地影响 BP 算法的效率。例如，在 RD 成像过程中经常通过 sinc 函数插值来实现距离迁徙校正，虽然 sinc 插值精度很高，但是这种逐点插值的方法严重降低了运算效率。为了实现高效的插值，本书首先对回波数据进行升采样，升采样倍数通常为 8 倍或 16 倍，可以通过频域的补零操作快速实现。根据精度的需求，可以进一步通过线性插值、样条插值等方法快速地实现图像域照射范围内像素点的插值操作。插值之后，为了实现回波与回波之间的相干叠加，需要对不同雷达位置处的回波相位进行补偿，这里选择合成孔径中心时刻斜距引入的延迟相位为参考相位，计算不同时刻的相位差，以实现相位补偿。在此之后，对数据进行二维化处理，将插值以及相位补偿后的像素点恢复到图像域对应的位置。对于每一条回波重复上述操作，通过相干叠加，得到聚焦的 SAR 图像数据。

4.3.2　算法优化

BP 算法处理过程中，主要的耗时步骤为波束投影计算、数据插值和补偿相位计算。其中，数据插值操作可以通过升采样后的线性或样条插值替代 sinc 插值，以提高运算效率，在此不做赘述，本节主要通过优化波束投影和补偿相位的计算方式以提高算法效率。以上两个处理步骤，都需要运用卫星轨道坐标和场景中像素点坐标。其中，卫星轨道坐标可以通过轨道根数进行粗采样计算，然后根据系统的 PRF 进行升采样插值得到；而对于场景中像素点坐标，在经典 SAR 仿真系统中，通常将场景固定在一个二维平面或地球椭球曲面上，然后根据天线的指向与场景所在面的夹角关系，计算出场景坐标系到地球固定坐标系的旋转矩阵，通过坐标旋转快速地计算出场景目标在地球固定坐标系下对应的坐标。上述建模过程在低轨低分辨 SAR 系统中是近似准确的，但是在高轨道、高分辨系统下，将存在以下问题。

（1）场景中目标的等间隔分布问题：在经典仿真系统中，通常假设目标点在场景所在的平面或曲面内是等间隔分布的，这样通过坐标系旋转之后得到的坐标仍是等间隔分布的。然而在精确的 SAR 系统中，波束足迹移动速度沿方位向是缓慢变化的，根据 SAR 系统的"停－走－停"假设，场景中的坐标点沿方位向应是等时间间隔分布的，而在空间上则是非等间隔的。在距离向，由于波束宽度内入射角的缓慢变化，坐标点是沿斜距等间隔分布的，因此在场景所在面内沿地距方向是非等间隔的。

（2）旋转矩阵的准确性问题：旋转矩阵是根据地固系下地面矢量速度和场景中心点坐标而建立的。首先，通过旋转矩阵进行坐标的求解方法是建立在线性系统的假设之上的，这一假设在距离向近似准确，在方位向上则必须假设波束足迹移动速度的大小和方向是不变的。而根据式（2.7），在精确 SAR 系统建模下这一假设是不准确的，相应的旋转矩阵也是不准确的，所求得的场景坐标无法很好地反映 SAR 几何中存在的方位向空变。

为了精确地建立 SAR 系统中的场景模型，本书通过回波数据中的斜距、斜视角以及地球椭球半径，实现了场景坐标 $P_{\mathrm{tar}}\,(x,\,y,\,z)$ 的精确计算，即

$$\begin{cases} |P_{\mathrm{sat}}\,(m)\, -\,(x,\,y,\,z)| = r\,(n) \\ \theta_{\mathrm{sq}}\,(m;\,x,\,y,\,z)\, = \theta_{\mathrm{sq},0} \\ \dfrac{x^2 + y^2}{r_{\mathrm{a}}^2} + \dfrac{z^2}{r_{\mathrm{b}}^2} = 1 \end{cases} \tag{4.26}$$

其中，m，n 表示回波数据中方位向和距离向坐标，$\theta_{\mathrm{sq}}\,(m;\,x,\,y,\,z)$ 可以通过式（2.23）进行求解，$\theta_{\mathrm{sq},0}$ 表示天线的斜视角，r_{a}，r_{b} 分别表示地球椭球模型中的长半轴和短半轴。通过以上方程组可以得到场景中像素点坐标，相应的斜距精度可达到 10^{-9} m，斜视角精度可达到 10^{-15} rad，半径精度可达到 10^{-8} m，此精度能够满足收发分置、中高轨、高分辨、GEO 等 SAR 系统的建模要求。

虽然上述计算方法能够满足先进 SAR 系统精确建模的需求，但是相比于传统的坐标系旋转方法，效率大幅降低。为了提高该方法的计算效率，本书通过类似于轨道坐标的计算方式进行优化，即先粗采样计算后插值的方法提高计算效率。因为在三维空间中，任意平滑曲面上的像素点，其对应的空间每一维

的坐标都是缓慢变化的。这里考虑 P_{tar}（m，n；x，y，z）；（m，n）表示场景中像素点的位置坐标，（x，y，z）表示像素点对应的空间三维坐标。首先，将像素点位置坐标粗采样为（m_0，n_0），然后根据式（4.26）可以求得相应点对应的空间位置坐标（X_0，Y_0，Z_0），其中，X_0，Y_0，Z_0 都是对应于位置坐标（m_0，n_0）的二维矩阵。最后，对于空间每一维坐标，都可以建立一个二维的插值核，从而计算出场景中每一个像素点对应的空间坐标，即

$$
\begin{cases}
X（m，n） = Interp（X_0（m_0，n_0）） \\
Y（m，n） = Interp（Y_0（m_0，n_0）） \\
Z（m，n） = Interp（Z_0（m_0，n_0））
\end{cases}
\tag{4.27}
$$

其中，$Interp$（·）表示各个空间维度的插值核。图 4.12 示意了通过插值方法计算场景中像素点的三维坐标（见彩插）。其中，图 4.12（a）表示场景中像素点在三维空间中的位置分布，红色的星标点表示粗采样像素点对应的位置，蓝色的面表示插值后所有像素点对应的位置；图 4.12（b）、（c）、（d）示意了每一维空间坐标的插值过程。

在得到场景坐标之后，可以进行波束投影和补偿相位的计算。由于地面速度是平滑变化的，因此波束照射范围前后边沿的移动也是连续的。对于临近区域的像素点，相邻的方位时刻，其波束照射范围前后边沿位置也是相近的。如果针对每一个方位时刻、每一个像素点进行计算，会存在大量的计算冗余，极大地降低计算效率，对于补偿相位的计算同样存在类似的情况。用 W_f（t_0，r_0）、W_b（t_0，r_0）、δ_φ（t_a；t_0，r_0）分别表示图像域中（t_0，r_0）像素点对应的波束前沿位置、后沿位置以及回波域方位向 t_a 时刻的补偿相位，在粗采样样本点信息的基础上，通过高阶拟合的方式避免计算冗余，提高了算法效率。

忽略波束边沿在距离向上的微弱变化，以一阶为例对波束方位向边沿变化进行建模

$$
W_f（t_0，\boldsymbol{r}_{0,c}） = k_f · t_0 + \delta t_f
\tag{4.28}
$$
$$
W_b（t_0，\boldsymbol{r}_{0,c}） = k_b · t_0 + \delta t_b
$$

其中，$\boldsymbol{r}_{0,c}$ 表示场景中心位置对应的图像域斜距，k_f、k_b 和 δt_f、δt_b 分别表示方位向波束前沿和后沿的线性项和常数项变化系数。

对场景中心位置所在距离线上的像素点进行粗采样，根据式（2.13）计算其对应的方位向波束前沿位置和后沿位置，通过最小二乘法拟合可以得出式（4.28）中所有的未知参数，从而可以得到所有像素点的波束前后沿位置。仿真结果如图 4.13 所示，其中，星标点表示样本点，实线表示拟合后的结果。

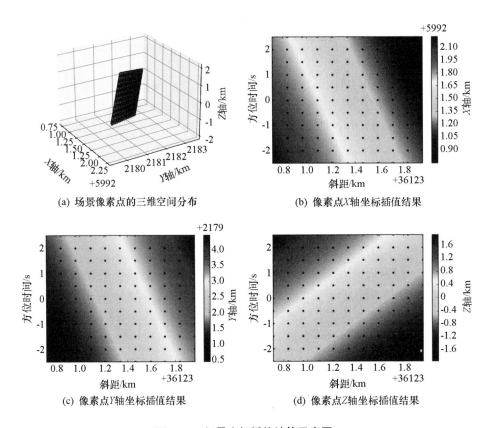

(a) 场景像素点的三维空间分布

(b) 像素点X轴坐标插值结果

(c) 像素点Y轴坐标插值结果

(d) 像素点Z轴坐标插值结果

图 4.12　场景坐标插值计算示意图

对于补偿相位的计算，类似于频域处理算法，首先建立一个随回波域方位时间、图像域方位时间和图像域斜距变化的斜距模型，即

$$R(t_a;t_0,r_0) = R_0(t_0,r_0) + \sum_{i=1}^{N} k_i(t_0,r_0) \cdot t_a^i \quad (4.29)$$

而相应的补偿相位则可以表示为

$$\delta_\phi(t_a;t_0,r_0) = \frac{2\pi}{\lambda} \left[R(t_a;t_0,r_0) - R(t_0;t_0,r_0) \right] \quad (4.30)$$

类似于方位向波束变化的计算，分别取回波域方位时间、图像域方位时间和图像域斜距上的粗采样样本点，计算对应的斜距变化，然后按式（4.29）对其进行展开，得到各阶系数，进一步在按照各阶系数的模型进行展开，得到对应阶系数变化模型的系数，最后通过最小二乘法拟合得到最优的系数解，从

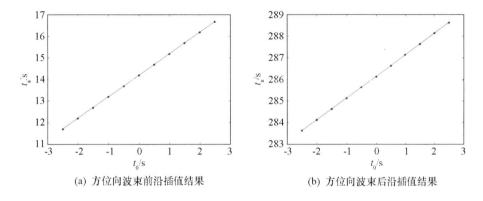

(a) 方位向波束前沿插值结果   (b) 方位向波束后沿插值结果

图 4.13 方位向波束前后边沿变化插值结果

而建立高阶拟合模型，得到回波域任意方位位置和图像域中任意像素点对应的补偿相位。以斜距的五阶模型、各阶系数的二阶二维空变模型为例，最终的相位精度可达到 0.1 rad。至此，我们通过粗采样插值或拟合的方式，在保证计算精度的前提下，使 BP 算法摆脱了对目标点位置坐标的依赖，大大减少了 BP 算法中的计算冗余。

优化后 BP 算法的精确性已通过 3.4.2 节进行验证，可以看出聚焦后的图像没有明显的几何畸变和散焦，地物轮廓清晰，在此不再对 BP 算法的仿真和验证做过多赘述。

4.4 本章小结

本章对于 GEO SAR 成像处理展开研究：首先对于 SAR 成像理论的发展进行了简要地介绍；在此基础上分别从频域和时域的角度对 GEO SAR 数据进行处理，频域方面提出了 GEO SAR 二维空变的斜距模型，并根据方位空变程度的不同提出了 RD – ACS 和 ωK – 3ACS 成像方法，通过点目标仿真验证了算法的准确性。时域方面，引入了精确的 BP 成像算法，并针对 GEO SAR 数据量、运算量大，精度要求高的特点，对经典 BP 算法的部分运算进行了优化，减少了算法的计算冗余，提高了运算效率。

第 5 章
GEO SAR 对流层延迟效应建模与影响分析

　　对流层是大气层的重要组成部分，其主要分布于从地球表面至 18 km 高度的范围内，厚度随位置和季节的变化而略有不同。作为人类与太空之间的一道屏障，从地面观测太空以及从空间观测地球表面都要穿透对流层，因此，须考虑对流层对观测系统的影响，如地基大型天文观测站、被动或主动式的天文光学或射电望远镜、天基卫星导航定位系统、光学观测卫星、星载 SAR 卫星等。在星载 SAR 系统中，对流层延迟主要包括两个部分：（1）光在对流层中传播速度变慢；（2）由于对流层折射系数的分层变化导致传播路径的弯曲。对于传统的 SAR 系统，由于合成孔径短，对流层延迟通常近似为 2.3 m，这一延迟会对图像的几何校正、位置定标以及后续的干涉和差分应用产生影响。在 GEO SAR 系统中，合成孔径内 SAR 几何关系的变化以及对流层自身的变化都会影响对流层延迟的大小，因此需要精确建立对流层延迟变化的模型。本章通过引入全球定位系统中广泛采用的对流层模型，进一步结合 SAR 自身特性，充分考虑了 GEO SAR 系统中大合成孔径尺度和长合成孔径时间的特点，建立了对流层的三维动态变化模型。该模型不仅能够应用于精确的 GEO SAR 原始回波仿真，还可以用于后期成像处理中对流层延迟的相位补偿。此外，该模型同样也可用于其他超高分辨星载 SAR 系统中对流层延迟误差的补偿。

5.1　GEO SAR 对流层模型概述

随着星载 SAR 系统的性能不断提高，应用逐渐广泛，对流层传播对于 SAR 信号处理的影响，尤其是在干涉处理[92]和高分辨成像处理方面[93-94]得到人们越来越多的关注。由于 GEO SAR 高轨道、长合成孔径的特点，观测期间对流层跨度内的空变以及对流层自身的时变将对 GEO SAR 回波数据、成像结果、后期应用造成十分严重的影响。

Josep 等人将一个时空变化的大气相位屏模型引入长时间 GEO SAR 成像过程中，用以反演和补偿对流层误差的影响[95]；Stephen 等人从系统层面出发，分析了对流层延迟对于 GEO SAR 系统的影响[11]。在此基础上，本书提出了一个综合的对流层延迟模型用于精确地模拟对流层传播对于雷达原始回波及后续信号处理的影响。该模型将对流层延迟划分为两个部分：确定性的背景延迟分量和随机性的扰动延迟分量。确定性的背景延迟分量以全球气压、温度、湿度气象数据模型（the global pressure and temperature 2 wet model，GPT2w）[96-98]为基础，在得到有效的气象参数之后，通过改进的 Saastamoinen 模型[99-100]和 Askne 模型[101]计算出背景对流层的静水对流层延迟（hydrostatic tropspheric delay，HTD）分量和湿对流层延迟（wet tropspheric delay，WTD）分量。这些延迟都是在天顶几何结构下计算得到的，进一步可以通过 Vienna 投影函数（Vienna mapping function，VMF）[102]计算出斜入射情况下对应的延迟量，该投影函数充分考虑了观测入射角的影响以及由于大气折射因子分层变化所导致的信号传播路径的弯曲效应。随机性的扰动延迟被进一步划分为静止分量和非静止分量。其中，静止分量通过 Matérn 功率谱密度函数进行建模，并进一步考虑了功率谱的局部各向异性[103]。该模型对于描述大气扰动的 Kolmogorov 幂定律（Kolmogorov power law）的低频部分进行了近似，进而能够保证全频谱支撑区范围内有较好的平稳特性。非静止部分则是通过一个三维空间的随机走动过程（random walk process）进行建模。为了精确地模拟 SAR 成像过程中对流层带来的延迟影响，本书将上述模型引入 GEO SAR 回波仿真系统中，获取了 GEO SAR 几何结构下 Sentinel-1 图像数据对应的包含对流层影响的原始回波数据，进一步对比重聚焦图像和原始图像，验证了本书所提出的对流层模型的准确性。

5.2　GEO SAR 对流层延迟建模

目前，被普遍接受的理论是，对流层是一种非色散的大气介质，会对穿透其中的电磁信号产生衰减与延迟效应。本章主要考虑对流层延迟对雷达回波信号的影响，根据 SAR 系统的工作特点，这一延迟会同时影响回波的包络和相位。

如图 5.1 所示（见彩插），雷达波通过对流层时产生延迟主要由三个方面的因素造成。

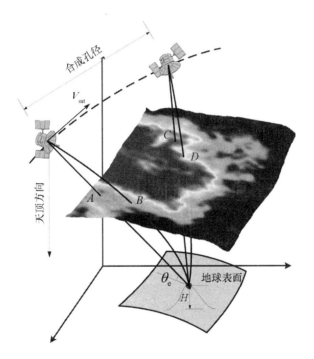

图 5.1　对流层传播延迟模型

（1）由于大气中折射因子大于真空中的折射因子，因此光在大气中传播速度会减慢，从而造成传播时间的增加。

（2）当雷达波非垂直入射对流层时（通常情况下，由于距离向地距分辨率的限制，SAR 系统都工作在非垂直入射几何结构下），沿对流层垂直方向的速度分量减小，从而引入延迟；也可理解为斜入射增加了对流层中的传播距离，从而造成了传播时间的增加。

（3）当雷达波非垂直入射对流层时，折射因子的分层变化会造成光传播路径的弯曲，传播路径的加长也会引入延迟效应。

其中，第二和第三个因素都与雷达波入射对流层的角度有关。通常情况下，对流层传播延迟会随着入射角和斜视角的增大而增大[104]。在侧视几何结构下，斜距向对流层延迟通常被看作是确定性的背景分量和随机性的扰动分量的叠加，即

$$\delta r_{STD}(r_0, t_a; \tau_a) \approx \delta r_{STD,b}(r_0, t_a; \tau_a) + \delta r_{STD,t}(r_0, t_a; \tau_a) \quad (5.1)$$

其中，变量 r_0 和 t_a 分别代表原始回波的距离和方位时间，下标 STD、b 和 t 分别表示斜距向对流层延迟（slant tropospheric delay，STD）、背景（background）和扰动（turbulent），变量 τ_a 用于表征对流层自身的动态变化。Smith 在其相关文献中首先提出了将背景对流层划分为静水对流层分量和湿对流层分量[105]，即

$$\delta r_{STD,b}(r_0, t_a) \approx M_H \cdot \delta r_{ZHD}(P_{atm}, T_{atm}) + M_W \cdot \delta r_{ZWD}(P_{atm}, T_{atm}, e_{atm})$$
$$(5.2)$$

其中，下标 Z、H 和 W 分别表示天顶（zenith）、静水（hydrostatic）和湿（wet）延迟分量；P_{atm} 表示地表大气压，T_{atm} 表示地表温度，e_{atm} 表示地表水汽压强；M_H 和 M_W 表示投影函数，用于实现将天顶静水延迟（zenith hydrostatic delay，ZHD）和天顶湿延迟（zenith wet delay，ZWD）转换为斜距向延迟，其主要依赖于成像过程中的几何关系，同时也会受到对流层气象参数的微弱影响。其次，关于对流层的扰动分量 $\delta r_{STD,t}$，本书将其视为一个静止过程和一个非静止随机过程的叠加，即

$$\delta r_{STD,t}(r_0, t_a; \tau_a) = \delta r_{STD,t-stat}(r_0, t_a) + \delta r_{STD,t-nonstat}(r_0, t_a; \tau_a)$$
$$(5.3)$$

这里认为在整个 SAR 原始回波获取过程中静止部分在空间上随机分布，而时间上不发生变化，而非静止分量则表示在整个合成孔径期间对流层随时间动态随机变化。图 5.2 中给出了斜视对流层延迟的计算过程图，其中包含了本书所采用的气象模型和几何模型，本章后续内容将对其逐一展开讨论。需要指出的是，整个计算流程采用模块化设计，在兼顾准确性和效率的同时，其中的每一个模型都可以通过具有类似功能的模型进行替换，从而使得该模型具有更广泛的适用性。

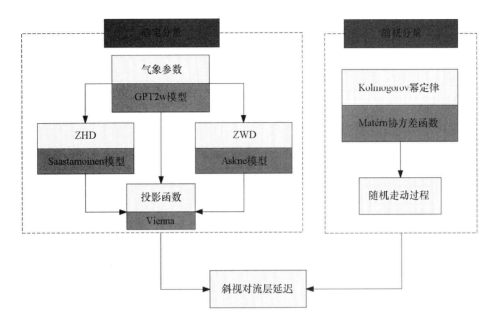

图 5.2　斜视对流层延迟计算过程

5.2.1　确定性对流层延迟

如前所述，确定性对流层可以划分为 HTD 分量和 WTD 分量。HTD 分量是由于干燥空气中分子带电量的扰动所引起的，其在总延迟中所占比重超过了 90%[106]；而 WTD 分量主要与水汽压强有关，此外，水汽压强的变化还会对随机延迟分量的幅度造成影响。本节将从 GPT2w 模型、修正的 Saastamoinen 模型、Askne 模型、Vienna 投影函数展开介绍，最终实现背景对流层延迟建模。

1. GPT2w 气象模型

GPT2w[98]是一个气象参数估计经验模型，其先验数据来自 ERA-Interim，通过 GPT2w 可以计算出每年中任意一天、全球任意位置处、特定海拔高度对应的一系列气象参数（气压 P_{atm}、温度 T_{atm}、水汽压强 e_{atm} 等），从而为计算背景对流层延迟提供所需的参数。其计算过程可以通过以下线性函数实现

$$\begin{bmatrix} P_{\text{atm}} \\ T_{\text{atm}} \\ e_{\text{atm}} \\ m_{\text{T}} \\ m_{\text{e}} \\ T_{\text{m}} \\ a_{\text{H}} \\ a_{\text{W}} \end{bmatrix} = \boldsymbol{b}\ (\theta_{\text{lat}},\ \theta_{\text{lon}},\ doy)\ = \boldsymbol{A}\ (\theta_{\text{lat}},\ \theta_{\text{lon}}) \times \begin{bmatrix} 1 \\ \cos\left(2\pi \cdot \dfrac{doy}{365.25}\right) \\ \sin\left(2\pi \cdot \dfrac{doy}{365.25}\right) \\ \cos\left(4\pi \cdot \dfrac{doy}{365.25}\right) \\ \sin\left(4\pi \cdot \dfrac{doy}{365.25}\right) \end{bmatrix}$$

$$(5.4)$$

其中，m_{T} 表示温度随高程的衰减速率，m_{e} 表示水汽压强随高程的衰减指数，T_{m} 表示加权平均气温，a_{H} 和 a_{W} 分别是 Vienna 投影函数中 HTD 投影函数和 WTD 投影函数表达式中的参量，θ_{lon} 和 θ_{lat} 分别表示当地的经纬度，doy 表示修正的儒略日。

矩阵 $\boldsymbol{A}$ 中的元素分别代表了公式（5.4）中最右侧向量中均值、年度周期变化、半年度周期变化分量的加权值。其中，均值分量和年度周期变化代表了气象参数在四季中周期性的变化，而半年度周期变化则是为了更好地适用于全球某些地区雨季和干燥季节的周期性变化。矩阵 $\boldsymbol{A}$ 中的每一个元素值则是通过对从 2001 年到 2010 年十年期间 ERA-Interim 数据的月平均数值进行最小二乘拟合得到的。可以从网站上得到该模型在全球经纬度网格上的参数。图 5.3（见彩插）为通过 GPT2w 模型计算的 1989 年 2 月 11 日和 1989 年 10 月 8 日全球气象参数（气压、温度、水汽压强）分布图。

需要说明的是，为了后续对流层延迟的计算，图中结果均以海平面为参考高度计算得出，部分高海拔地区的气象参数会存在一定异常。

通过图像对比可以看出，从早春季节到秋季，北半球气压降低，南半球气压升高；而气温的变化则刚好呈现相反的趋势，并且最高气温带明显向北移动。不同于之前一些先验气象模型[107]，GPT2w 模型不仅考虑了气象参数随纬度的变化，而且考虑了随经度的变化，使得该模型具有更高的精度。

2. 修正的 Saastamoinen 天顶静水延迟模型

修正的 Saastamoinen 模型[99-100]是一种利用气象参数和 SAR 几何参数来计算 ZHD 的对流层延迟模型。Saastamoinen 模型主要依赖于气压和气温，同时也

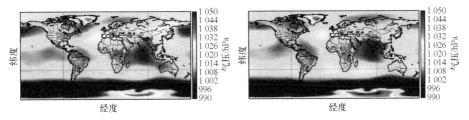

(a) 气压分布图（左为1989年2月11日数据，右为1989年10月8日数据）

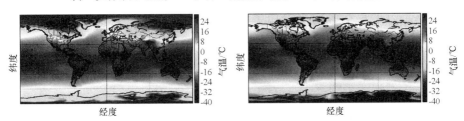

(b) 气温分布图（左为1989年2月11日数据，右为1989年10月8日数据）

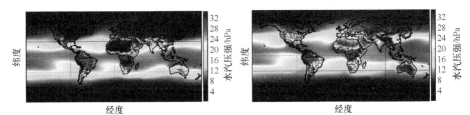

(c) 水汽压强分布图（左为1989年2月11日数据，右为1989年10月8日数据）

图 5.3　基于 GPT2w 模型的气象参数全球分布示例

受目标的纬度以及高度的影响，相应的 ZHD 计算表达式为

$$\delta r_{\mathrm{ZHD}}\left(P_{\mathrm{atm}},\ T_{\mathrm{atm}},\ \theta_{\mathrm{lat}},\ h\right) \approx \frac{10^{-6}k_1 \cdot R_\mathrm{d}}{g_\mathrm{m}\left(\theta_{\mathrm{lat}},\ h\right)} \cdot P_{\mathrm{atm}} \cdot \left(1 + \frac{m_\mathrm{T}}{T_{\mathrm{atm}}} \cdot h\right)^{\frac{-g}{R_\mathrm{d} \cdot m_\mathrm{T}}}$$

(5.5)

其中，ZHD 的单位为 m，气压的单位为 hPa，气温的单位为 K，$k_1 \approx 77.604$ K/hPa 表示折射因子，$R_\mathrm{d} \approx 287.054$ J/（kg·K）表示静水空气的气体常数，m_T 单位为 K/m，以上参数可以通过 GPT2w 模型推导获得。h 表示当地的高度，单位为 m，$g = 9.80665$ m/s^2 表示地表重力加速度，g_m 表示大气柱质心重力加速度，其随纬度和地面高度而变化，可以通过以下表达式进行近似

$$g_{\text{m}}\left(\theta_{\text{lat}},\ h\right) \approx 9.784 \times \left[1 - 2.66 \times 10^{-3}\cos\left(2\theta_{\text{lat}}\right) - 2.8 \times 10^{-7}h\right]$$

$$(5.6)$$

从式（5.6）中可以看出，g_{m} 的值由赤道向两极区域逐渐增加，且随着高度增加而减小。图 5.4（见彩插）给出了赤道附近基于 Saastamoinen 模型求解的 ZHD 变化，参考高度为 222 m，m_{T} 为 0.006 K/m。从图中可以看出，延迟随着气压和气温的增加而增加，近似呈现线性关系。

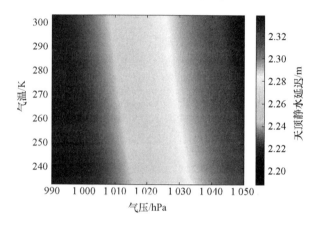

图 5.4　基于 Saastamoinen 模型的 ZHD 随气压和气温的变化

根据 GPT2w 模型得到的一年中两个不同时间的气象参数，本书推导了 ZHD 的全球分布，其结果如图 5.5 所示（见彩插）。从图中可以看出，ZHD 与大气压力有着类似的变化趋势，在南半球则随着纬度的升高而减小。

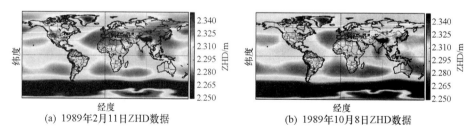

(a) 1989年2月11日ZHD数据　　　　　　(b) 1989年10月8日ZHD数据

图 5.5　基于 Saastamoinen 模型的全球 ZHD 分布图

3. Askne 天顶湿延迟模型

相比于 HTD，WTD 虽然在总延迟中所占比重很小，但是其对于水汽压强的变化十分敏感。Askne 分析了通过无线电探空仪（radiosonde）测量的 WTD 随季节和气候的变化，在此基础之上推导了一个精确的随高度向变化的参数模型[101]。由于 GPT2w 模型中水汽压强相关参数是根据 Askne 模型进行拟合的，因此 Askne 模型更适合于运用 GPT2w 模型参数进行 ZWD 的计算，其模型的表达式为

$$\delta r_{\mathrm{ZWD}} \left(T_{\mathrm{atm}}, e_{\mathrm{atm}}, \theta_{\mathrm{lat}}, h \right)$$

$$\approx \frac{10^{-6} \left(T_{\mathrm{m}} \cdot k_2 + k_3 \right) \cdot R_{\mathrm{d}}}{g_{\mathrm{m}} \left(\theta_{\mathrm{lat}}, h \right) \cdot m'_{e} + m_{\mathrm{T}} \cdot R_{\mathrm{d}}} \cdot \left(1 + \frac{m_{\mathrm{T}}}{T_{\mathrm{atm}}} \cdot h \right)^{1 - \frac{m'_{e} \cdot g}{R_{\mathrm{d}} \cdot m_{\mathrm{T}}}} \cdot \frac{e_{\mathrm{atm}}}{T_{\mathrm{atm}}} \tag{5.7}$$

其中，$k_2 \approx 16.6 \ \mathrm{K/hPa}$ 和 $k_3 \approx 377\,600 \ \mathrm{K^2/hPa}$ 表示折射因子，$m'_{e} = m_{e} + 1$ 表示水汽压强高程变化因子，类似于 ZHD，m_{e} 和 T_{m} 都是通过 GPT2w 模型计算得出。

图 5.6（见彩插）示意了 Askne 模型 ZWD 随气温和水汽压强变化，参考位置为赤道附近，参考高度为 222 m，平均气温为 270 K，m_e 为 2.775。

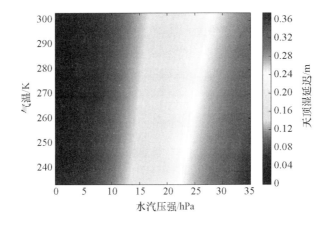

图 5.6   Askne 模型 ZWD 随气温和水汽压强变化示意图

可以看出，ZWD 随着气温升高而减小，随水汽压强增大而增大，近似呈线性变化。类似于 ZHD，根据 GPT2w 模型所提供的参数，本书计算了 Askne 模型 ZWD 全球分布，如图 5.7 所示（见彩插）。可以看出，其与图 5.3 中水汽压强具有相似的分布趋势。

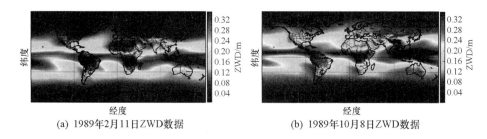

图 5.7　基于 Askne 模型的全球 ZWD 分布示意图

4. Vienna 投影函数

Vienna 投影函数用于将天顶延迟（zenith tropospheric delay，ZTD）转换为斜距延迟（slant tropospheric delay，STD），该函数不但考虑了 SAR 回波获取过程中入射角和斜视角的影响，而且考虑了由于折射因子随高程变化，造成电磁波传播路径弯曲而引入的延迟误差[102]。HTD 的投影函数为

$$M_H(\theta_{i,LOS}, h) \approx \frac{1 + a_H \cdot [1 + b_H \cdot (1 + c_H)^{-1}]^{-1}}{\cos\theta_{i,LOS} + a_H \cdot [\cos\theta_{i,LOS} + b_H \cdot (\cos\theta_{i,LOS} + c_H)^{-1}]^{-1}}$$

$$+ \left\{ \frac{1}{\cos\theta_{i,LOS}} - \frac{1 + a_{Ht} \cdot [1 + b_{Ht} \cdot (1 + c_{Ht})^{-1}]^{-1}}{\cos\theta_{i,LOS} + a_{Ht} \cdot [\cos\theta_{i,LOS} + b_{Ht} \cdot (\cos\theta_{i,LOS} + c_{Ht})^{-1}]^{-1}} \right\} \cdot h \quad (5.8)$$

$$c_H = c_0 + \left\{ \left[\cos\left(2\pi \cdot \frac{doy - 28}{365.25} + \phi\right) + 1 \right] \cdot \frac{c_{11}}{2} + c_{10} \right\} \cdot (1 - \cos\theta_{lat}) \quad (5.9)$$

其中，系数 a_H、b_H 和 c_H 用于补偿由于传播路径弯曲而引入的残余延迟，公式（5.8）第二项中的 a_{Ht}、b_{Ht} 和 c_{Ht} 考虑了目标高程变化对于投影函数的影响，三者的值如表 5.1 所示。其中，c_H 是时间和纬度的函数，ϕ 表示年度周期变化的延迟相位。值得注意的是 ϕ、c_{11} 和 c_{10} 的取值在南半球和北半球是不同的，在表格中分别通过 S 和 N 加以区别。变量 $\theta_{i,LOS}$ 表示视轴入射角，它是目标俯仰角 θ_i 和斜视角 θ_{sq} 的函数，即

$$\theta_{i,LOS}(t_0, r_0, t_a) = \arccos\left[\frac{P_t(t_0, r_0)}{\| P_t(t_0, r_0) \|} \cdot \frac{P_S(t_a) - P_t(t_0, r_0)}{\| P_S(t_a) - P_t(t_0, r_0) \|} \right]$$

$$\approx \arccos(\cos\theta_i \cdot \cos\theta_{sq}) \quad (5.10)$$

其中，P 表示位置矢量，下标 S、t 分别代表卫星、目标，这一近似模型已经被应用于 LEO SAR 情况下视轴入射角的计算[108]。类似地，WTD 的投影函数可以表示为

$$M_{\mathrm{W}}\left(\theta_{i,\mathrm{LOS}}\right) \approx \frac{1 + a_{\mathrm{W}} \cdot \left[1 + b_{\mathrm{W}} \cdot \left(1 + c_{\mathrm{W}}\right)^{-1}\right]^{-1}}{\cos\theta_{i,\mathrm{LOS}} + a_{\mathrm{W}} \cdot \left[\cos\theta_{i,\mathrm{LOS}} + b_{\mathrm{W}} \cdot \left(\cos\theta_{i,\mathrm{LOS}} + c_{\mathrm{W}}\right)^{-1}\right]^{-1}}$$

$$(5.11)$$

其中，a_{W}、b_{W} 和 c_{W} 用于补偿由于传播路径弯曲引入的残余延迟。b_{H}、b_{W} 和 c_{W} 的值如表 5.1 所示。

表 5.1　Vienna 投影函数相关参数

参数	数值	参数	数值
b_{H}	0.002 9	c_0	0.062
ϕ (S, N)	(π, 0)	c_{11} (S, N)	(0.007, 0.005)
c_{10} (S, N)	(0.002, 0.001)	a_{Ht}	0.000 025 3
b_{Ht}	0.005 49	c_{Ht}	0.001 14
b_{W}	0.001 46	c_{W}	0.043 91

由于空气中的水汽并不像干燥大气一样沿高度向有规律地分布，因此 WTD 投影函数中没有考虑高度变化的影响[102]。

图 5.8 给出了静水和湿 Vienna 投影函数在赤道附近的数值变化，日期设定为 1989 年 2 月 11 日，参考高度为 222 m，$a_{\mathrm{H}} \approx 0.001\ 232$，$a_{\mathrm{W}} \approx 0.000\ 556\ 5$。其中，实线表示 HTD 和 WTD 的投影函数随入射角的变化，虚线表示由折射因

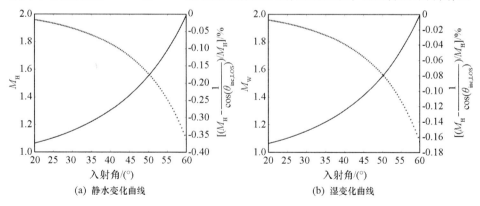

(a) 静水变化曲线　　　　　　　(b) 湿变化曲线

图 5.8　Vienna 投影函数变化曲线

子变化造成传播路径弯曲而引入的延迟占总延迟量的百分比，这一部分的影响随着入射角增大而增大。通过对比可以发现，HTD 的这一分量影响总体大于 WTD 分量的影响，其主要原因是 $a_H > a_W$。

5.2.2　随机性对流层延迟

如前所述，由于 GEO SAR 具有较长的合成孔径时间，考虑到在此期间对流层的动态变化，模型中对流层延迟的随机分量被建模为一个空间随机分量（静止部分）和一个时间随机分量（非静止部分）的叠加。

其中，静止部分通常被认为服从 Kolmogorov 幂律谱分布[92,109]，而在更大的尺度范围内，也可以通过 Matérn 协方差函数推导的功率谱密度函数，约束对扰动分量的频谱[110]。

而非静止部分则是通过一个低通的三维随机走动过程进行建模[111]，用以表示对流层随时间的变化，同时这一部分也可以作为对流层扰动低频分量的补充①。

1. 随机性对流层延迟的空间变化

根据 Kolmogorov 在 1941 年所做的工作汇报[109]，对流层扰动在空间上通常服从 2/3 幂定律分布，即

$$S_K(k_\rho;\ D)\ \approx C_K^2 \cdot k_\rho^{-\frac{2}{3}-D} \tag{5.12}$$

其中 k_ρ 表示弧度制下的波数，C_K^2 用于描述扰动的能量，D 表示仿真的坐标维数，如一维、二维、三维。Hanssen 提出了一个分段指数模型[92]，用 $D=2$ 描述低波数区域能量分布，用 $D=3$ 描述中间波数区域能量分布，用 $D=1$ 描述高波数区域能量分布，并通过参数调整，保持了段与段之间的连续性，而在靠近零的部分则采取置零或赋常值的方式，这一方式需要在靠近零波数区域设定一个特定的阈值以防止功率谱出现无限大的情况。本书采用了另一种不用在低波数区域设置界限的方式，即通过 Matérn 协方差函数所推导的功率谱密度函数进行描述，该方法保证了整个频谱支撑区内的广义平稳特性[103]。Matérn 功

---

① Kolmogorov 幂律谱需要设定下限截止频率，所以会造成低频分量的缺失，而随机走动模型可以起到一定的弥补作用。

率谱密度函数可以表示为

$$S_{\mathrm{M}}\left(k_{\rho};D,v,l\right) \approx C_{\mathrm{M}}^{2} \cdot \frac{2^{v+D} \cdot \sqrt{\pi}^{D} \cdot \Gamma\left(v+\dfrac{D}{2}\right) \cdot v^{v}}{\Gamma\left(v\right) \cdot l^{2 \cdot v}} \cdot \left(\frac{2v}{l^{2}}+4\pi^{2}k_{\rho}^{2}\right)^{-v-\frac{D}{2}}$$

(5.13)

　　其中，v 是指数因子，l 是尺度因子，这两个数值总是正的；Γ（·）表示 Gamma 函数，参数 C_{M}^{2} 正比于对流层扰动的能量。本书对比了基于 Kolmogorov 幂律谱的分段 Hanssen 模型[92] 和本书所采用的 Matérn 模型（$D=2$，$l=1$），其对数坐标下的分布如图 5.9 所示（见彩插），其中 v 分别取值 1/3、2/5 和 5/6。为了便于后文的理解，这三个值分别对应于 Kolmogorov 分段模型中每一段的幂指数取值。为了给出对流层扰动能量与参数 C_{M}^{2} 的关系，图 5.10 计算了 v 在三种不同取值的情况下，对流层延迟扰动分量的方差随 C_{M}^{2} 的变化曲线。需要说明的是，该结果是经过多次蒙特卡洛仿真实验，然后取均值得到的。在固定蒙特卡洛仿真次数的情况下，随着 C_{M}^{2} 的增加，结果的不确定性也随之增加，所以图中曲线的波动会随之加剧，但仍可以看出这种变化趋势是近似线性的。

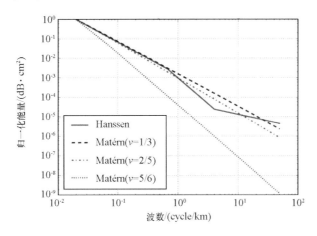

图 5.9　基于 Kolmogorov 的分段 Hanssen 模型与 Matérn 模型的功率谱密度函数曲线

　　在生成对流层扰动时，本书进一步考虑了功率谱密度函数的各向异性[111]，即二维功率谱密度函数随方向的变化。为了说明各向异性的影响，本书将同一随机噪声输入到三个不同方向分布的功率谱密度函数，所得结果如图

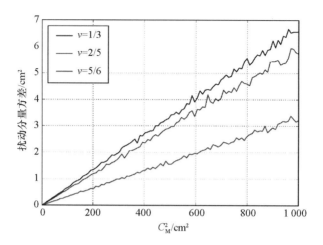

图 5.10　Matérn 模型下对流层延迟扰动分量方差随参数 C_M^2 的变化关系

5.11 所示（见彩插）。其中，图（a）、（b）、（c）表示各向异性，图（d）、（e）、（f）表示对应的扰动对流层影响。

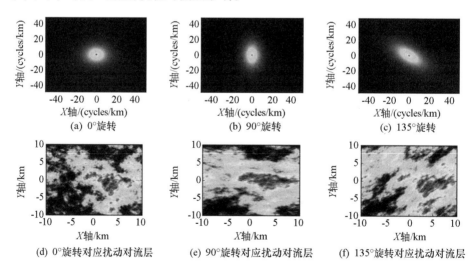

图 5.11　功率谱密度函数的各向异性及其影响

从图中可以看出，大气延迟具有相似的分布特性，但是由于功率谱密度函数的方向性，相位延迟分布表现出与其相垂直的拉伸特性。需要说明的是，图中结果已经进行了归一化处理，颜色的变化只是为了更好地说明由于功率谱密度函数的不同所造成的相位延迟分布的差异。

2. 随机性对流层延迟的时间变化

在上一节中，通过一个静态模型实现了对流层空间非均匀分布的建模。然而对流层中云、雨、雾、风等自然现象的存在，会造成对流层延迟随时间变化，这些变化在时间尺度上通常在几十分钟到几个小时量级，其在 LEO SAR 系统中的影响可以忽略不计，而在 GEO SAR 系统中，该时间尺度与其合成孔径时间具有可比拟性，因此，在信号处理时必须考虑随时间变化而带来的影响。相关文献中论述了可以通过非静止分量表示对流层延迟在时间上的非均匀分布[112]，考虑到其在时间上是近似缓变特性，本书通过随机走动过程对其进行建模，所采用的模型如下所示[112-114]

$$\delta r_{\mathrm{STD,t-nonstat}}(r_0,t_a;n_a] = \Delta\delta r_{\mathrm{STD,t-stat}}(r_0,t_a) \cdot \frac{\sum_{i=1}^{n_a} w_{\mathrm{s}}(r_0,t_a)}{N_a \sum_{i=1}^{} w_{\mathrm{s}}(r_0,t_a)} \tag{5.14}$$

其中，n_a 是一个离散时间变量，表征对流层随时间的变化，$\Delta\delta r_{\mathrm{STD,t-stat}}$ 表示合成孔径终止和起始时刻对流层延迟分布的差分结果，$w_{\mathrm{s}}(r_0,t_a)$ 表示一个随机的空间自相关过程，N_a 表示合成孔径时间内以 PRF 为采样频率的观测次数。需要说明的是，式（5.14）中的分式表征了一个幅度从 0 到 1 的随机走动过程。

该模型能够很好地控制对流层扰动的频谱服从幂指数分布的形式，同时又能够表示对流层动态变化的平滑性。此外，对流层扰动的地域性和昼夜变化[115-116]也可以通过 w_{s} 反映出来。

图 5.12（见彩插）给出了对流层扰动在任意时间尺度上的变化，左侧为对流层变化在二维空间上的投影，背景为对流层变化在斜距向和时间维上的投影，中间区域为对流层扰动延迟分量在三个不同时刻的剖面图。可以看出，随机走动模型很好地描述了对流层随时间的变化。

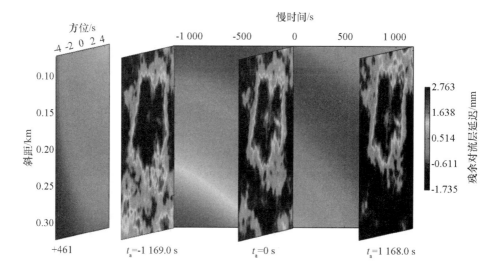

图 5.12　对流层动态变化示意图

5.3　GEO SAR 对流层影响分析

5.3.1　背景对流层影响分析

为了进一步探究该模型对于 GEO SAR 中背景对流层影响的表征能力，本节分析了天顶对流层延迟的精度以及其在 GEO 合成孔径期间变化的影响，下面通过误差隔离的方法对可能存在的误差进行逐一分析。

1. 背景对流层静止误差

首先，假设 ZTD 在合成孔径期间保持不变，仅考虑由 SAR 载体运动引起的对流层入射角变化所带来的误差，这里称之为背景对流层静止误差。本书对这一过程中几何变化以及相关角度的变化进行了精确建模，其几何模型如图 5.13 所示。

其中，从 A 到 B 为一个合成孔径，在此期间，雷达以 PRF 为间隔对点目标进行照射，θ_{radius} 表示合成孔径所对应的轨道圆心角，a_0 表示轨道半长轴，r_0 表示最短斜距，r_e 为地球半径，根据三维空间中角度的关系，在合成孔径期间视轴入射角可以表示为

$$\theta_{i,LOS} = \arccos\left[\cos\left(\theta_i\right) \cdot \cos\left(\frac{\theta_{syn}}{2}\right)\right] \tag{5.15}$$

其中，θ_{syn} 是随时间变化的合成孔径角，在低轨情况下，$\theta_{syn} \approx 2\theta_{sq}$。

$$\theta_{syn} = 2\arctan\left(\frac{a_0 \cdot \theta_{radius}}{2r_0}\right) \tag{5.16}$$

其中，

$$r_0 \approx \frac{a_0 \cdot \sin\left\{\theta_i - \arcsin\left[\frac{r_e}{a_0}\sin\left(\theta_i\right)\right]\right\}}{\sin\left(\theta_i\right)} \tag{5.17}$$

这一公式是建立在 $\overset{\frown}{AB} \approx \overline{AB}$ 假设之上的。由于 θ_{radius} 在经典的低轨 SAR 系统中仅为 0.1°量级，而在 GEO 下合成孔径时间为 2 000 s 时约为 8°，因此此假设是近似正确的，可用于定性的误差分析。进一步考虑地球自转的影响，θ_{radius} 可

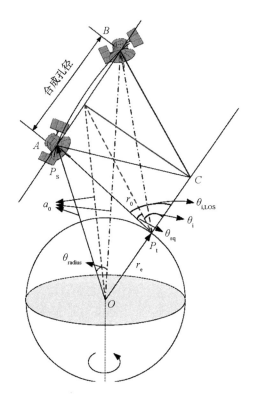

图 5.13　合成孔径时间内视轴入射角的变化几何模型

以近似为

$$\theta_{radius} \approx \left\{ \sqrt{\frac{\mu}{a_0^3}} - sgn\left(\frac{\pi}{2} - \alpha\right) \cdot \omega_0 \cdot \left| \cos\left[\alpha \cdot \cos\left(\phi\right)\right] \right| \right\} \cdot t \quad (5.18)$$

其中，μ 表示地球引力常数，$sgn\,(\,\cdot\,)$ 表示符号函数，ω_0 表示地球自转角速度，α 表示轨道倾角，ϕ 表示合成孔径中心时刻卫星所在纬度幅角。在 LEO 系统中，由于以下三个因素，地球自转的影响可以忽略：

（1）$\sqrt{\dfrac{\mu}{a_0^3}} \gg \omega_0$；

（2）合成孔径时间很短；

（3）为了运行于太阳同步轨道，轨道倾角近似为 98°。

然而，在 GEO 系统中，$\sqrt{\dfrac{\mu}{a_0^3}} \approx \omega_0$，为了考虑最大误差的影响，这里假设

$\phi = 0$，δr_{ZHD} 和 δr_{ZWD} 分别为 2.3 m 和 0.15 m；在 Vienna 投影函数中，采用全年全球范围内最小的 a_H 和 a_W，以此获得由投影函数引入的最大误差。基于以上假设，所获取的仿真结果如图 5.14 所示，其中图（a）为 LEO 情况下 $a_0 = 6\ 892$ km，$\theta_i = 20°$ 的结果；图（b）为 GEO 情况下 $a_0 = 42\ 164$ km，$\theta_i = 20°$ 的结果；图（c）为 LEO 情况下 $a_0 = 6\ 892$ km，$\theta_i - 60°$ 的结果；图（d）为 GEO 情况下 $a_0 = 42\ 164$ km，$\theta_i = 60°$ 的结果。

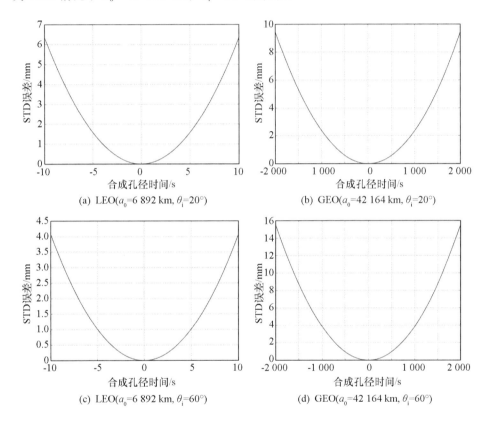

图 5.14　不同情况下背景对流层静止误差

图中曲线可以近似地认为是由天顶对流层延迟失配 ϵ_{ZTD} 而引入的一个二阶残余相位误差。可以看出，对于经典的 SAR 系统，当合成孔径时间小于 5 s 时，背景对流层静止误差小于 1 mm。而在 GEO SAR 系统中，当合成孔径时间小于 1 000 s 时，可以将误差控制在同等量级上。此外，通过对比不同入射角的仿真结果可以看出，在低轨情况下，随着入射角的增大，背景对流层误差

ϵ_{STD}逐渐减小；而在 GEO 情况下，却呈现相反的趋势。为了解释这一现象，本书对 ϵ_{STD} 进行近似处理后得到

$$\epsilon_{STD} \approx \left(\frac{1}{\cos（\theta_i + \delta\theta_i）} - \frac{1}{\cos（\theta_i）} \right) \cdot \epsilon_{ZTD} \approx \frac{\sin（\theta_i）}{\cos^2（\theta_i）} \cdot \delta\theta_i \cdot \epsilon_{ZTD} \quad (5.19)$$

根据公式可以看出，随着 θ_i 的增加，$\delta\theta_i$ 逐渐减小，而 $\dfrac{\sin（\theta_i）}{\cos^2（\theta_i）}$ 逐渐增大。在低轨 SAR 系统中，由于 $r_0 \ll r_e$，$\delta\theta_i$ 起到了主要作用；而在 GEO SAR 系统中，$r_0 \gg r_e$，$\dfrac{\sin（\theta_i）}{\cos^2（\theta_i）}$ 起到了主要作用。进一步分别假设 LEO 和 GEO 系统的合成孔径时间为 20 s 和 4 000 s，得到了如图 5.15 所示的投影函数误差 $\delta M = M（\theta_{i,LOS}） - M（\theta_i）$ 随入射角 θ_i 的变化关系，可以将其看作是一个相位误差的幅度因子。

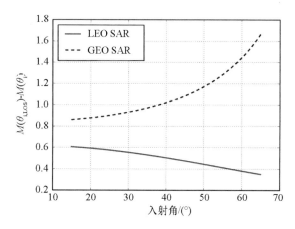

图 5.15　LEO 和 GEO 系统下投影函数误差的区别

通过此图可以得出结论，在低轨情况下，低斜视角相比于大斜视角情况受到对流层误差的影响更为严重，而 GEO SAR 情况下却刚好相反。这一误差模型及分析在 TerraSAR 数据处理中得到了验证，当其工作在 1 m 分辨率的聚束模式下时，合成孔径时间约为 4 s，在这种情况下检测不到对流层延迟的影响；但是在 0.25 m 分辨率的凝视聚束模式时，合成孔径时间约为 10 s，这一误差约为 50°。

为了最终将由 GEO SAR 几何变化引入的原始回波中的对流层延迟相位误差控制在 45°以内，这里反推了最大可容忍天顶对流层延迟误差 ϵ_{ZTD} 随时间以

及波段的变化，图 5.16（见彩插）分别示意了四种不同波段（L，S，C，X）下，最大可容忍误差在 20° 和 60° 入射角情况下随合成孔径时间的变化曲线。

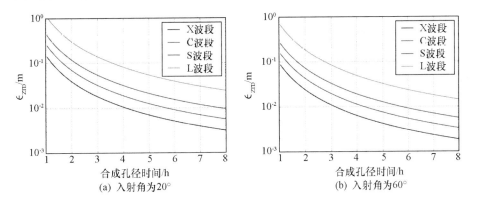

图 5.16　最大可容忍误差 ϵ_{ZTD} 变化曲线

正如图 5.15 所得出的结论，60° 入射角情况下，误差的敏感度更高一些，当合成孔径时间超过 1 h，达到了分米量级。在这样的合成孔径时间下，通过本书所提出的模型对 SAR 成像过程中的背景对流层相位误差进行补偿，可以将误差控制在厘米量级，从而减弱背景对流层误差造成的图像散焦。

2. 背景对流层变化误差

本小节进一步考虑合成孔径时间内 ZTD 的变化所带来的影响。当合成孔径时间达到小时量级时，由于空气压力、温度以及水汽压强等的变化，会对雷达回波信号产生一个明显的调制。为了分析气象参数变化带来的影响，本书引入了昼夜变化和半日变化的模型[117-119]。在此基础上，推导了 HTD 和 WTD 分量的昼夜变化，如图 5.17 所示（见彩插）。

其中，蓝色和绿色的线分别表示入射角为 20° 和 60° 两种情况。正如所预期的，由于 WTD 分量受到水汽压强的影响，其昼夜变化幅度明显大于 HTD 分量。为了考虑延迟变化对于成像聚焦的影响，进一步地移除 WTD 分量的平均分量和线性分量，仅考虑二阶及以上分量的影响，其结果如图 5.18 所示（见彩插）。其中图（a）和（b）分别对应入射角为 20° 和 60° 的情况。从以上分析结果可以得出结论，当合成孔径时间小于一两个小时，即使系统工作在很短的波段，背景对流层的昼夜变化也不会对 SAR 图像的聚焦产生十分明显的影响。

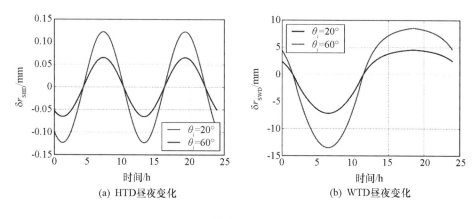

(a) HTD昼夜变化 　　　　　　　　　(b) WTD昼夜变化

图 5.17　背景对流层延迟昼夜变化

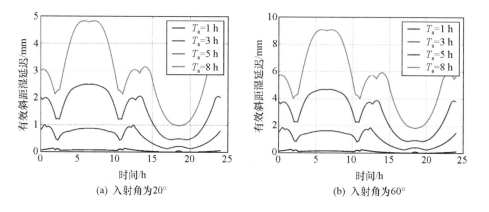

(a) 入射角为20° 　　　　　　　　　(b) 入射角为60°

图 5.18　影响聚焦的背景对流层变化误差

5.3.2　随机对流层影响分析

Josep 在其文献中指出，在长合成孔径时间下，对流层扰动分量会造成
SAR 图像的明显散焦[95]。根据第 5.2.2 节所提出的对流层随机扰动模型，本
节开展了相关的仿真实验。首先，对于 L 波段 GEO SAR 系统，假设合成孔径
时间为 300 s，图 5.19（见彩插）给出了方位向脉冲响应的蒙特卡洛仿真结
果，其中对流层扰动的能量方差大小分别为 1 cm^2 和 3 cm^2。

图中黄色曲线是每一次蒙特卡洛仿真试验的方位向脉冲响应，绿色曲线是

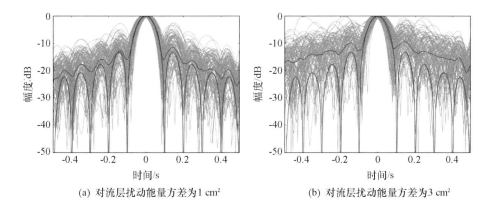

(a) 对流层扰动能量方差为 1 cm²　　　　　(b) 对流层扰动能量方差为 3 cm²

图 5.19　L 波段 GEO SAR 系统下方位向脉冲响应的蒙特卡洛仿真

所有黄色曲线的非相干平均结果，红色曲线表示理想的脉冲响应。正如所预期的那样，对流层扰动越剧烈，脉冲响应散焦越严重，旁瓣也会越高。由于对流层是非色散的，其所带来的相位延迟与波长成反比，因此，为了在 X 波段的仿真中取得类似的散焦结果，对流层扰动被控制在一个相对较低的水平。类似于 L 波段仿真，图 5.20（见彩插）给出了 X 波段 GEO SAR 系统方位向脉冲响应的蒙特卡洛仿真结果。其中对流层扰动的能量方差被控制在 1 mm²，而合成孔径时间分别选取为 60 s 和 200 s。

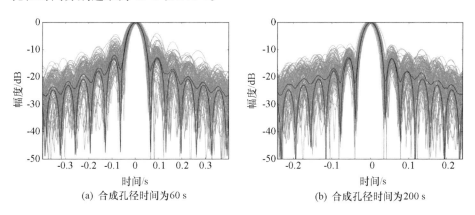

(a) 合成孔径时间为 60 s　　　　　　(b) 合成孔径时间为 200 s

图 5.20　X 波段 GEO SAR 系统下方位向脉冲响应的蒙特卡洛仿真

值得注意的是，长合成孔径时间下的脉冲响应结果优于短合成孔径时间结果。这一现象可以理解为，当合成孔径大于对流层扰动的空间相关尺度时，分布于高频部分的能量由于成像过程中的叠加平均作用而被滤除，这一理论在图 5.21 和图 5.22 中得到了进一步的证明。

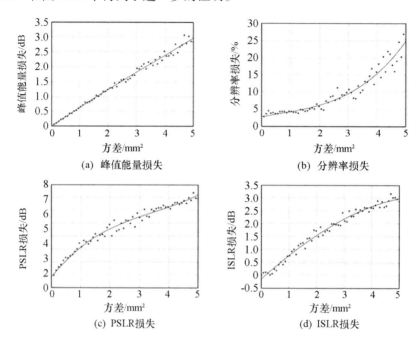

(a) 峰值能量损失

(b) 分辨率损失

(c) PSLR损失

(d) ISLR损失

图 5.21　对流层扰动造成的 X 波段脉冲响应峰值能量、分辨率、
PSLR、ISLR 损失（$T_a = 60$ s）

经过蒙特卡洛仿真，本书给出了峰值能量损失、分辨率损失、PSLR 和 ISLR 随对流层扰动能量方差的变化趋势。如图 5.21 和图 5.22 所示，曲线为所有样本点的高阶多项式拟合结果，其中，雷达工作在 X 波段，合成孔径时间分别为 60 s 和 200 s。通过对比可以发现，在长合成孔径时间下，分辨率损失明显减小，PSLR 和 ISLR 损失也有所减小，即聚焦效果更好。而峰值能量的损失几乎保持不变，因此，可以忽略合成孔径时间对峰值能量的影响。

图 5.23 给出了类似的 L 波段仿真结果，其中，合成孔径时间为 300 s。从图中可以看出由于波长变长，系统对于对流层扰动的敏感度显著降低。本书对 C 波段和 S 波段也进行类似的仿真试验，结果表明，如果将峰值能量损失控制在 3 dB 以内，那么 C 波段和 S 波段可容忍的对流层扰动能量方差分别为

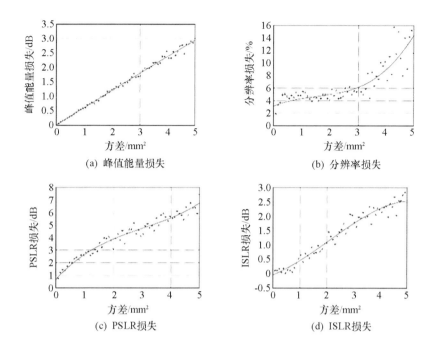

(a) 峰值能量损失　　　　　　　　(b) 分辨率损失

(c) PSLR损失　　　　　　　　　(d) ISLR损失

图 5.22　对流层扰动造成的 X 波段脉冲响应峰值能量、分辨率、
PSLR、ISLR 损失（$T_a = 200$ s）

$18\ \mathrm{mm}^2$ 和 $50\ \mathrm{mm}^2$。

通过以上分析可知，在 GEO SAR 系统中，假设对流层扰动的能量方差为 $1\ \mathrm{cm}^2$ 量级，会对 S 波段以及更短的波段造成严重的散焦影响。当合成孔径小于对流层扰动的空间相关尺度时，对流层延迟效应会在聚焦的图像上形成一个延迟相位屏；相位误差会随着合成孔径时间的加长而增大。直到合成孔径尺度与对流层扰动的空间尺度相当时，散焦程度最为严重。而随着合成孔径时间的进一步增加，由于成像过程的积累效应，脉冲响应结果会得到一定改善。

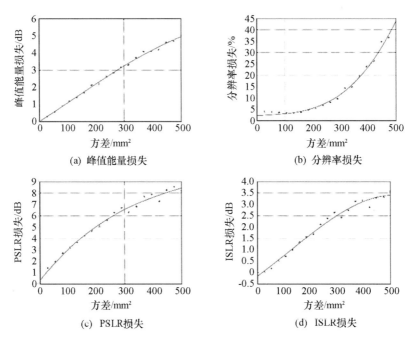

(a) 峰值能量损失   (b) 分辨率损失

(c) PSLR损失   (d) ISLR损失

图5.23 对流层扰动造成的 L 波段脉冲响应峰值能量、分辨率、PSLR、
ISLR 损失（$T_a = 300$ s）

5.3.3 对流层影响下的 GEO SAR 回波数据仿真

为了进一步验证相关的对流层模型，本书通过 ReBP 算法[120-121]仿真了对流层影响下 GEO SAR 的原始回波数据。通过本章模型，精确地考虑了在合成孔径时间内背景对流层和对流层扰动在空间以及时间上的变化。其中，卫星轨道与雷达参数以及对流层扰动部分参数分别如表 5.2 和表 5.3 所示。

为了使仿真更贴近于真实情况，本书考虑了三个不同各向异性功率谱的对流层扰动在空间上叠加影响的效果。

本实验利用 Sentinel - 1 的单视复图像作为仿真输入，通过 ReBP 算法反演 GEO 观测几何下的回波数据，并在仿真中充分考虑相关的几何和对流层等影响因素。

表5.2　对流层影响仿真中 GEO SAR 系统参数

参数	数值	参数	数值
轨道半长轴/km	42 164	偏心率	10^{-8}
轨道倾角/(°)	60	近地点幅角/(°)	0
升交点赤经/(°)	0	天线尺度/(m×m)	30×30
入射角/(°)	20.3	波长/m	0.239 8
合成孔径时间/s	271.95	回波获取时间/s	300
PRF/Hz	100	脉冲宽度/μs	20
带宽/MHz	80		

表5.3　对流层扰动仿真的 Matérn 功率谱密度函数相关参数

参数	情况一	情况二	情况三
尺度因子/km	36.449 038 6	47.969 396 81	23.465 626 97
指数因子	0.525 347 18	0.637 929 02	0.430 317 69
半长轴－半短轴比	2.550 705 47	1.885 046 78	0.361 510 45
功率谱方向角/(°)	－84.919 011 5	1.557 020 5	－53.618 271 25

　　对流层在合成孔径时间起止时刻的分布如图 5.24 所示（见彩插），从随机生成的结果可以看出，在大约 300 s 的仿真过程中，对流层沿距离向有明显的变化，该对流层的影响被逐方位向脉冲重复周期（pulse repetition time，PRT）地反映到了原始回波中。为了分析对流层延迟对于最终成像结果的影响，在聚焦处理过程中，首先补偿了由背景对流层延迟引入的一致相位以及一致的距离向位置偏移。在获取了最终的重聚焦结果之后，进一步计算重聚焦图像与原始图像的干涉相位，得到如图 5.25 所示的处理结果（见彩插）。正如所期望的那样，干涉相位就是动态对流层扰动延迟在合成孔径时间内加权平均的结果，从而有效地验证了模型以及相关分析的准确性。

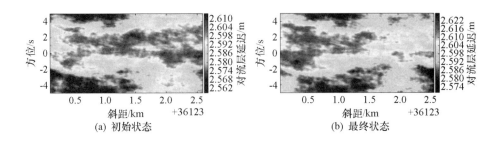

图 5.24　原始回波仿真中斜距对流层延迟的初始和最终状态

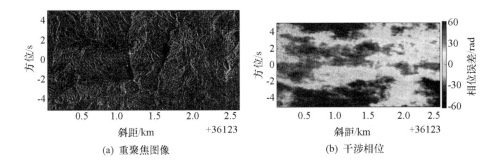

图 5.25　重聚焦图像以及残余对流层延迟造成的干涉相位图

5.4　本章小结

本章对 GEO SAR 系统超长合成孔径时间内对流层延迟的变化及影响进行了建模分析。在经典理论的基础上，将对流层延迟划分为背景对流层延迟和扰动对流层延迟。其中，对于确定性背景分量，通过引入新的 GPT2w 气象模型，实现了对背景对流层中 HTD 和 WTD 分量的空间分布以及时间变化的精确建模。对于随机扰动分量，通过 Matérn 幂律谱函数实现了其空间分布建模，进而结合随机走动过程实现了时间变化建模。根据所建立的模型，分析了 GEO SAR 不同波段、不同合成孔径时间、不同波束指向下对流层延迟的影响。最后，结合 ReBP 算法，以 Sentinel-1 实测数据为输入，仿真了对流层影响下的回波数据，通过聚焦处理验证了该模型与相关分析的准确性。

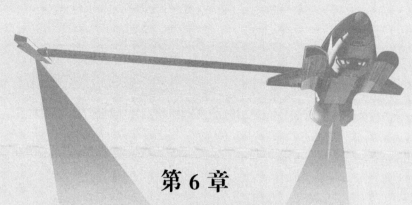

第 6 章
GEO SAR 背景对流层影响补偿处理

由第 5 章对流层延迟模型可知，对流层延迟引入的影响主要可以分为背景对流层延迟和扰动对流层延迟影响两个部分。本章将重点针对 GEO SAR 成像处理中背景对流层的影响展开研究，分析背景对流层中常量分量、空变分量、时变分量带来的影响。然后根据误差分析的结果，改进第 4 章中所提出的 GEO SAR 成像处理方法，进而补偿 GEO SAR 成像处理中背景对流层延迟引入的相位误差，获得更高精度的成像处理结果。

6.1 GEO SAR 背景对流层影响误差分析

在 GEO SAR 成像几何框架下，本章将背景对流层延迟误差划分为常量误差、空变误差与时变误差进行分析，如图 6.1 所示（见彩插）。本节以气象参数的时空分布为输入，分析不同分量对于点目标聚焦结果的影响。

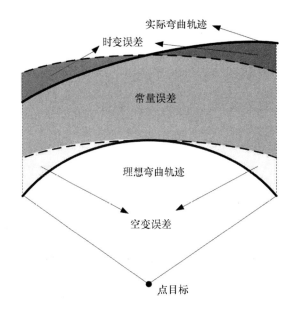

图 6.1　GEO SAR 成像中背景对流层误差划分

6.1.1　常量误差

常量误差表示针对某一点目标，在整个合成孔径时间内的一致对流层延迟误差。为了分析常量误差的影响，我们引入了变量隔离的方法，在考虑一个变量的影响时，其他的变量被设置为一个特定的常量。本章重点分析典型的气象参数变化引入的影响，如大气压力 P_{atm}、大气温度 T_{atm}、大气湿度 e_{atm} 等。根据图 5.4 和图 5.6 可知，ZHD 主要取决于 P_{atm} 和 T_{atm}，而 ZWD 主要取决于 T_{atm} 和 e_{atm}。假设 $h = 200$ m，$m_T = 0.006$ K/m，$\theta_{lat} = 0$，那么公式（5.5）可以化简为

$$\delta r_{\mathrm{ZHD}}\left(P_{\mathrm{atm}},\ T_{\mathrm{atm}}\right)\approx 2.28\times 10^{-3}P_{\mathrm{atm}}\cdot\left(1+\frac{1.2}{T_{\mathrm{atm}}}\right)^{-5.6938} \tag{6.1}$$

将 δr_{ZHD} 沿自变量 T_{atm} 在 273.15 K 处展开可得

$$\delta r_{\mathrm{ZHD}}\left(P_{\mathrm{atm}},\ T_{\mathrm{atm}}\right)\approx 0.00223 P_{\mathrm{atm}}+2.03\times 10^{-7}P_{\mathrm{atm}}\cdot T_{\mathrm{atm}} \tag{6.2}$$

根据上式可以得出，ZHD 对 P_{atm} 的偏导数可近似为 $\left.\dfrac{\partial \delta r_{\mathrm{ZHD}}}{\partial P_{\mathrm{atm}}}\right|_{T_{\mathrm{atm}}=273.15\,\mathrm{K}}\approx$

2.28 mm/hPa，ZHD 对 T_{atm} 的偏导数可近似为 $\left.\dfrac{\partial \delta r_{\mathrm{ZHD}}}{\partial T_{\mathrm{atm}}}\right|_{P_{\mathrm{atm}}=1\,000\,\mathrm{hPa}}\approx 0.2$ mm/K。由此

可以看出 δr_{ZHD} 受 P_{atm} 的影响要明显强于 T_{atm}。当大气压变化 10 hPa 时，对应的 δr_{ZHD} 大约变化了 2 cm。但是，当温度变化 10 ℃ 时，对应的 δr_{ZHD} 仅仅变化了 2 mm。

通过同样的方式，可以根据式（5.7）对 δr_{ZWD} 展开分析，假设 $h=200$ m，$T_{\mathrm{m}}=270$ K，$m_{\mathrm{e}}=2.775$，$\theta_{\mathrm{lat}}=0$，即

$$\delta r_{\mathrm{ZWD}}\left(T_{\mathrm{atm}},\ e_{\mathrm{atm}}\right)\approx 2.844\times\left(1+\frac{1.2}{T_{\mathrm{atm}}}\right)^{-22.496}\cdot\frac{e_{\mathrm{atm}}}{T_{\mathrm{atm}}} \tag{6.3}$$

$$\delta r_{\mathrm{ZWD}}\left(T_{\mathrm{atm}},\ e_{\mathrm{atm}}\right)\approx\left(\frac{3.14}{T_{\mathrm{atm}}}+0.0011+4.39\times 10^{-6}T_{\mathrm{atm}}\right)\cdot e_{\mathrm{atm}} \tag{6.4}$$

其中，ZWD 对于 T_{atm} 的偏导数可以近似为 $\left.\dfrac{\partial \delta r_{\mathrm{ZWD}}}{\partial T_{\mathrm{atm}}}\right|_{e_{\mathrm{atm}}=20\,\mathrm{hPa},\,T_{\mathrm{atm}}=273.15\,\mathrm{K}}\approx$

-0.75 mm/K，对于 e_{atm} 的偏导数可以近似为 $\left.\dfrac{\partial \delta r_{\mathrm{ZWD}}}{\partial e_{\mathrm{atm}}}\right|_{T_{\mathrm{atm}}=273.15\,\mathrm{K}}\approx 13.8$ mm/hPa。

由此可以得出结论 δr_{ZWD} 对 e_{atm} 比对 T_{atm} 更为敏感。当水汽压强变化了 10 hPa 时，对应的 δr_{ZWD} 变化了约 14 cm。但是，当气温变化 10 ℃ 时，δr_{ZWD} 仅仅变化了 7.5 mm。

本书将大气参数变化所引起的对流层延迟常量误差分别定义为 $\Delta_{\delta r_{\mathrm{ZHD}}}$ 和 $\Delta_{\delta r_{\mathrm{ZWD}}}$，并与典型的星载 SAR 系统方位向分辨率进行了对比，结果如图 6.2、图 6.3 所示。图中画出了 TerraSAR（分辨率 0.15 m），ALOS-PSAR（分辨率 1 m），GF3（分辨率 1 m）和典型 GEO SAR（分辨率 2 m）系统方位分辨率的 1/10 作为参考。从图中可以看出，不管是 δr_{ZHD} 还是 δr_{ZWD}，由温度变化所引起的误差都很小，可以忽略不计。相对地，由气压所引起的变化很大。当大气压力的变化达到 30 hPa 时，$\Delta_{\delta r_{\mathrm{ZHD}}}$ 已经大于 TerraSAR 方位分辨率的 1/10。当水汽压强的变化达到 20 hPa 时，$\Delta_{\delta r_{\mathrm{ZWD}}}$ 已经大于 TerraSAR，GF3 和 ALOS-PSAR 方

位分辨率的 1/10。

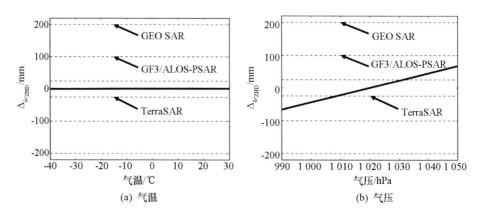

图 6.2　ZHD 的偏差随气温与气压的变化

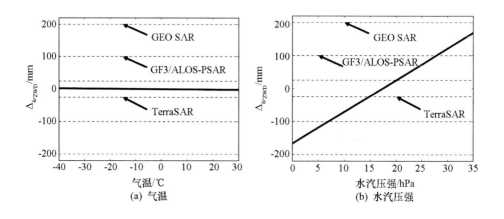

图 6.3　ZWD 的偏差随气温与水汽压强的变化

　　根据以上分析可以得出结论，背景对流层延迟仅仅引入一个一致的相位误差，该相位误差只会改变目标的聚焦位置，而不会对目标的聚焦效果产生影响。当与典型的 SAR 系统以及 GEO SAR 系统的分辨率进行对比时，由气象参数变化所引入的位置偏移量很微弱，可以忽略不计。

6.1.2　空变误差

本书中，为了区分空变误差与时变误差，将空变误差定义为在整个合成孔径时间内由投影函数的变化而引入的误差量，而不考虑 ZHD 与 ZWD 的变化。换言之，空变误差只考虑由 SAR 成像几何变化（入射角）引入的误差。在GEO SAR 的观测几何中，沿视轴方向的入射角 $\theta_{\mathrm{i,LOS}}$ 可以由式（5.10）表示，并可近似为

$$\theta_{\mathrm{i,LOS}}\ (\theta_{\mathrm{i}},\ \theta_{\mathrm{sq}})\ \approx \arccos\ [\ \cos\ (\theta_{\mathrm{i}})\ \cdot \cos\ (\theta_{\mathrm{sq}})\ ] \tag{6.5}$$

其中，θ_{i} 和 θ_{sq} 分别表示俯仰入射角和瞬时斜视角。为了简化分析，假设 SAR 系统工作在正侧视情况下，即在合成孔径中心时刻对应的斜视角为零。

接下来，将分析背景对流层的空变误差对于方位脉冲响应的影响。在GEO SAR 系统中，由于合成孔径时间会随着载频的不同而发生显著变化，本书考虑典型的 X 波段（9.65 GHz）、C 波段（5.4 GHz）和 L 波段（1.25 GHz）情况下对应的分辨率与合成孔径时间。仿真实验在赤道附近场景中展开，设 $\delta r_{\mathrm{ZHD}}=2.3\ \mathrm{m}$，$\delta r_{\mathrm{ZWD}}=0.15\ \mathrm{m}$，投影函数中 $a_{\mathrm{H}}\approx 0.001\ 232$，$a_{\mathrm{W}}\approx 0.000\ 556\ 5$，仿真结果如图 6.4 所示。

目前被广泛接受的一种理论是，载频越高的系统对于对流层误差的影响越敏感。但是从仿真的结果可以看出，X 波段（图 6.4（a））方位向脉冲响应的影响要弱于 C 波段（图 6.4（b）），而 L 波段（图 6.4（c））所受影响则相对严重。为了得出合理的解释，本书开展了进一步深入的研究。如果忽略 ZHD 与 ZWD 投影函数之间的细微差别（是否与高度有关），并引入式（6.5），则可以得到一种背景对流层空变误差的退化模型，即

$$\delta\phi = \frac{4\pi\Delta_{\delta r_{\mathrm{BTD}}}}{\lambda}\approx\frac{4\pi}{\lambda}\cdot\frac{\delta r_{\mathrm{BTD,c}}}{\cos\theta_{\mathrm{i}}}\left(\frac{1}{\cos\theta_{\mathrm{sq,e}}}-1\right) \tag{6.6}$$

其中，$\Delta_{\delta r_{\mathrm{BTD}}}$ 表示背景对流层空变误差，包含 ZHD 和 ZWD 两种分量，$\delta r_{\mathrm{BTD,c}}$ 表示合成孔径中心时刻对应的背景对流层延迟，$\theta_{\mathrm{sq,e}}$ 表示合成孔径边缘时刻对应的斜视角。

如果考虑线性轨迹模型，则相位误差可以进一步化简为

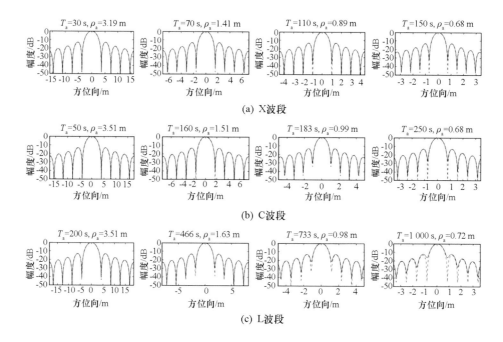

图6.4 不同波段、不同合成孔径时间下背景对流层空变误差对于方位向脉冲响应的影响

$$\delta\phi \approx \frac{4\pi}{\lambda} \cdot \frac{\delta r_{BTD,c}}{\cos\theta_i} \left[\frac{\sqrt{R_0^2 + (T_a V_s)^2}}{R_0} - 1 \right] \approx \frac{4\pi}{\lambda} \cdot \frac{\delta r_{BTD,c}}{\cos\theta_i} \left[\frac{\sqrt{R_0^2 + \left(0.5 \times \frac{0.886\lambda}{L_a} \cdot R_0\right)^2}}{R_0} - 1 \right]$$

$$\approx \frac{4\pi}{\lambda} \cdot \frac{\delta r_{BTD,c}}{\cos\theta_i} \left[\sqrt{1 + \left(\frac{0.886\lambda}{2L_a}\right)^2} - 1 \right] \approx \frac{4\pi}{\lambda} \cdot \frac{\delta r_{BTD,c}}{\cos\theta_i} \times \frac{1}{2} \times \left(\frac{0.886\lambda}{2L_a}\right)^2$$

$$\approx \frac{0.886^2 \pi \delta r_{BTD,c}}{2L_a^2 \cos\theta_i} \cdot \lambda \tag{6.7}$$

由式（6.7）可以看出，在正侧视条带模式下，当天线尺寸一定时，背景对流层空变误差所引入的相位误差与所使用的载频波长成正比，此结论与之前的仿真结果相一致。

通过图6.4中不同情况下的仿真对比可以看出，尽管合成孔径时间已经到达1 000 s，分辨率到达0.72 m，但是背景对流层延迟的空变误差影响仍然很微弱。由此可以得出结论，在大部分倾斜轨道 GEO SAR 系统中，背景对流层的空变误差可以忽略不计。

6.1.3 时变误差

在考虑了背景对流层延迟空变误差的影响之后，本节继续分析时变误差带来的影响。首先，需要明确的是本节所指的时变误差既包含合成孔径时间内雷达与目标所对应的不同对流层穿刺点间的延迟变化，也包含整个合成孔径时间内背景对流层自身的变化。根据前人的研究成果可知，背景对流层的变化梯度可达 1 cm/km[78]。本节重点考虑线性、二次、三次时变误差带来的影响，如图 6.5 所示。在不同合成孔径时间与载频下，这三种时变误差对于方位向脉冲响应的影响如图 6.6 和图 6.7 所示。

从图中可以看出，线性时变误差主要引入了一个方位向的位置偏移，而对脉冲响应的聚焦无影响。位置偏移量可以根据傅里叶变换的性质推导得出，即

$$\delta r_a = \delta t_a \cdot V_g = \frac{\delta f_a}{K_a} \cdot V_g = \frac{2 k_{\mathrm{linear}}}{\lambda K_a} \cdot V_g \tag{6.8}$$

其中，δt_a 表示方位时间偏移，V_g 表示地面波束足迹的速度，δf_a 表示多普勒偏移量，K_a 表示方位向调频率，k_{linear} 表示线性时变误差对应的变化梯度。

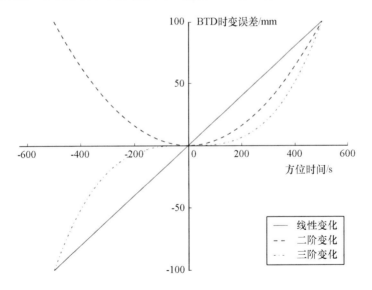

图 6.5　背景对流层延迟时变误差对应的三种不同情况

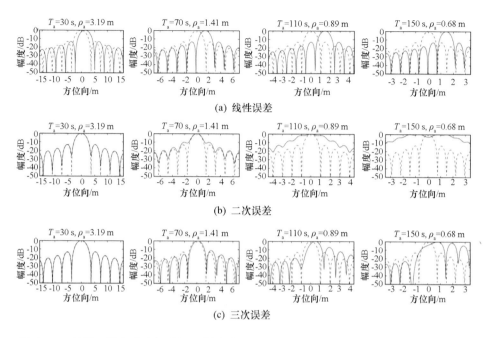

图 6.6　X 波段不同合成孔径时间下背景对流层三种时变误差对于方位向脉冲响应的影响

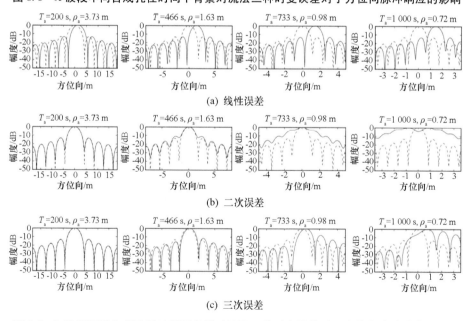

图 6.7　L 波段不同合成孔径时间下背景对流层三种时变误差对于方位向脉冲响应的影响

　　二次时变误差对于聚焦结果造成了严重影响，主要表现为主瓣的展宽与旁瓣的抬高，体现在评估指标上则是分辨率与峰值旁瓣比的恶化。而三次时变误差的影响主要体现在明显的非对称旁瓣。其次，通过对比图 6.6 和图 6.7 可以看出，不同的载频所引入的影响相对差异较小，但是合成孔径时间与方位分辨率变化的影响则是十分显著的。随着合成孔径时间的增长、方位分辨率的减小，背景对流层三种典型时变误差对于脉冲响应的影响会快速恶化。在实际情况下，背景对流层时变误差通常是三种理想情况的叠加，叠加后可能引入明显的几何畸变、散焦或者鬼影效应。

　　通过以上分析可以得出结论，常量误差与空变误差的影响很小，在 GEO SAR 成像处理中可以忽略不计，但是时变误差影响较为严重，需要加以考虑。在本节中，为了考虑背景对流层自身变化对于成像处理的影响，将地面点目标固定在了场景中心位置。而在实际的成像处理过程中，还需要考虑场景中不同位置坐标 (r_0, t_0) 下成像参数的二维几何空变。在这种情况下，GEO SAR 的二维几何空变与对流层延迟误差的变化会相互耦合，下一节将充分考虑如何补偿由成像几何变化与对流层延迟变化所引入的去相干影响。

6.2 GEO SAR 背景对流层影响误差补偿

本节将在第 4 章成像处理的基础上，进一步展开研究如何通过频域成像处理方法补偿背景对流层延迟引入的缓变误差影响。

6.2.1 信号建模

首先，引入 GEO SAR 二维空变信号模型，然后对模型进行修正，充分考虑背景对流层时变误差以及与二维几何空变的耦合误差。

根据第 4 章分析可知，二维空变是 GEO SAR 成像处理中的主要问题，其严重影响了 SAR 图像的聚焦深度。考虑到距离压缩处理是很多频域成像算法的公共步骤，本节直接从距离压缩后的 GEO SAR 信号开始进行建模，即

$$s_{rc}\left(t_0,\ r_0;\ t_r;\ t_a;\ A_{meteo}\right) \approx A_0 p_r\left[t_r - \frac{2r\left(t_a;\ t_0;\ r_0;\ A_{meteo}\right)}{c}\right] \cdot \omega_a\left(t_a - t_0\right)$$

$$\cdot \exp\left\{-j\frac{4\pi r\left(t_a;\ t_0;\ r_0;\ A_{meteo}\right)}{\lambda}\right\} \qquad (6.9)$$

其中，A_0 表示增益常量，在后续分析过程中可以忽略不计，$p_r\left(\cdot\right)$ 表示距离向的 sinc 包络，$\omega_a\left(\cdot\right)$ 表示方位向的 $sinc^2$ 包络。

根据 6.1 节的分析可知，在常规的 GEO SAR 方位分辨情况下，背景对流层的常量误差（ZHD 与 ZWD）都小于分辨率的 1/10，所以由背景对流层的常量误差所引入的距离迁徙量的变化可以忽略不计，也即是式（6.9）中的距离向包络可以近似为 $p_r\left[t_r - \dfrac{2r\left(t_a;\ t_{0,c};\ r_{0,c}\right)}{c}\right]$，其中 $t_{0,c}$ 和 $r_{0,c}$ 分别表示场景坐标系中场景中心位置对应的方位向和距离向坐标。通过以上近似，成像中的距离迁徙校正可以通过方位时域 – 距离频域的一致相位相乘实现。然后，将斜距的泰勒展开模型带入式（6.9），GEO SAR 信号可推导为

$$s_{rc}\left(t_0,r_0;t_r,t_a;A_{meteo}\right) \approx p_r\left[t_r - \frac{2r\left(t_a;t_{0,c},r_{0,c}\right)}{c}\right] \cdot \omega_a\left(t_a - t_0\right)$$

$$\cdot \exp\left\{-j\frac{4\pi}{\lambda}\cdot\left[r_0 + \sum_{i=1}^{N}\left(k_i + \Delta k_i\left(t_0,r_0\right)\right)\cdot t_a^i\right]\right\}$$

$$\cdot \exp\left\{-\mathrm{j}\frac{4\pi}{\lambda}\cdot\left[\delta r(t_0,r_0)+k_{1,\mathrm{BTD}}(t_0,r_0)t_a+k_{2,\mathrm{BTD}}(t_0,r_0)t_a^2+k_{3,\mathrm{BTD}}(t_0,r_0)t_a^3\right]\right\}$$

$$(6.10)$$

在本节中，为了简化表达，不考虑 $i\geqslant 5$ 所带来的影响，所以式（6.10）可以化简为

$$s_{\mathrm{rc}}(t_0,r_0;t_r,t_a;A_{\mathrm{meteo}})\approx p_r\left[t_r-\frac{2r(t_a;t_{0,c},r_{0,c})}{c}\right]\cdot\omega_a(t_a-t_0)$$

$$\cdot \exp\left\{-\mathrm{j}\frac{4\pi}{\lambda}\cdot\left[r_0+\delta r(t_0,r_0)\right]\right\}$$

$$\cdot \exp\left\{-\mathrm{j}\frac{4\pi}{\lambda}\cdot\left[k_1+\Delta k_1(t_0,r_0)+k_{1,\mathrm{BTD}}(t_0,r_0)\right]t_a\right\}$$

$$\cdot \exp\left\{-\mathrm{j}\frac{4\pi}{\lambda}\cdot\left[k_2+\Delta k_2(t_0,r_0)+k_{2,\mathrm{BTD}}(t_0,r_0)\right]t_a^2\right\}$$

$$\cdot \exp\left\{-\mathrm{j}\frac{4\pi}{\lambda}\cdot\left[k_3+\Delta k_3(t_0,r_0)+k_{3,\mathrm{BTD}}(t_0,r_0)\right]t_a^3\right\}$$

$$\cdot \exp\left\{-\mathrm{j}\frac{4\pi}{\lambda}\cdot\left[k_4+\Delta k_4(t_0,r_0)\right]t_a^4\right\}$$

$$(6.11)$$

式（6.11）所涉及的所有参数都可以通过 GEO SAR 成像的二维空变几何模型拟合得出，其几何示意如图 6.8 所示。拟合方法已在第 4 章中展开介绍，在此不再赘述。根据相应的结论，可以对式（6.11）做以下近似处理：

（1）$\delta r(t_0,r_0)$ 仅引入一个常量误差，不会影响原始回波数据的聚焦，所以本节将不考虑其影响；

（2）$\Delta k_1(t_0,r_0)$ 和 $k_{1,\mathrm{BTD}}(t_0,r_0)t_a$ 会造成多普勒中心频率的变化。但是通过偏航导引，多普勒中心频率可以近似为零，所以其影响也不作考虑；

（3）相比于 $\Delta k_2(t_0,r_0)$ 和 $\Delta k_3(t_0,r_0)$，$\Delta k_4(t_0,r_0)$ 的影响很弱，可以忽略不计；

（4）每一阶系数随 t_0 和 r_0 的变化可以做线性化近似处理。

在以上近似处理的基础上，通过变量替换可以将几何空变误差与背景对流层变化误差合并。由此，式（6.11）可以化简为

$$s_{\mathrm{rc}}(t_0,r_0;t_r,t_a;A_{\mathrm{meteo}})$$

$$\approx p_r\left[t_r-\frac{2r(t_a;t_{0,c},r_{0,c})}{c}\right]\cdot\omega_a(t_a-t_0)\cdot\exp\left\{-\mathrm{j}\frac{4\pi}{\lambda}\cdot r_0\right\}$$

$$\cdot \exp\left\{-\mathrm{j}\frac{4\pi}{\lambda}\cdot k_1 t_a\right\}\cdot\exp\left\{-\mathrm{j}\frac{4\pi}{\lambda}\cdot\left[k_2+\Delta k_2'(t_0,r_0)\right]t_a^2\right\}$$

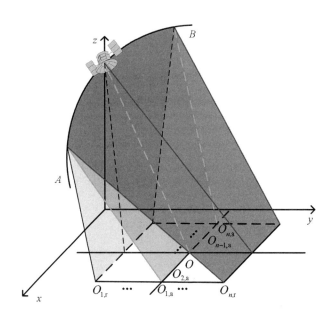

图 6.8　GEO SAR 二维空变几何示意图

$$\cdot \exp\left\{-\mathrm{j}\frac{4\pi}{\lambda}\cdot\left[k_3+\Delta k'_3\left(t_0, r_0\right)\right]t_a^3\right\}\cdot\exp\left\{-\mathrm{j}\frac{4\pi}{\lambda}\cdot k_4 t_a^4\right\} \quad (6.12)$$

其中，$\Delta k'_i = \Delta k_i + k_{i,\mathrm{BTD}}$，$i = 2, 3$，$k'_i$ 表示几何空变与 BTD 变化合并后的系数。根据之前的假设，$\Delta k'_i$ 可以建模为

$$\Delta k'_i \approx \Delta k'_{i,\mathrm{r}}\cdot\left(r_0-r_{0,\mathrm{c}}\right)+\Delta k'_{i,\mathrm{a}}\cdot\left(t_0-t_{0,\mathrm{c}}\right)$$
$$+\Delta k'_{i,\mathrm{ra}}\cdot\left(r_0-r_{0,\mathrm{c}}\right)\cdot\left(t_0-t_{0,\mathrm{c}}\right) \quad (6.13)$$

其中，$\Delta k'_{i,\mathrm{r}}$，$\Delta k'_{i,\mathrm{a}}$ 和 $\Delta k'_{i,\mathrm{ra}}$ 分别表示距离空变系数、方位空变系数、交叉耦合空变系数。

6.2.2　一致相位补偿

接下来，本小节将逐步补偿 GEO SAR 成像处理中几何空变与对流层延迟引入的去相干误差，其处理过程如图 6.9 所示。

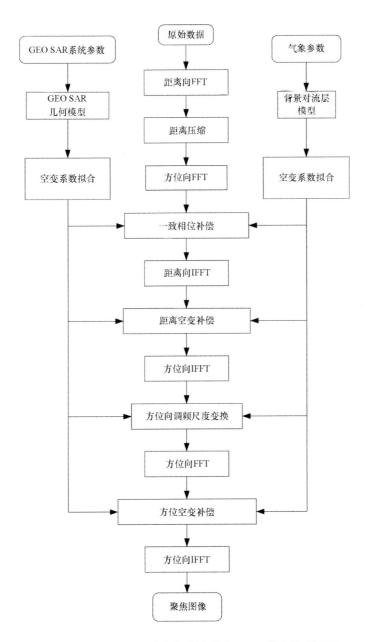

图 6.9 GEO SAR 几何空变与背景对流层延迟误差处理过程

考虑场景中心点目标的回波信号，通过级数反演与驻定相位原理可以得出目标对应的二维频谱为

$$S_{rc}(f_r, t_a) \approx W_r(f_r) \cdot W_a\left[f_a + (f_c + f_r)\frac{2k_1}{c}\right] \cdot \exp\{j\Phi(f_r, f_a)\}$$

$$(6.14)$$

其中，$W_r(\cdot)$ 表示距离频域包络，$W_a(\cdot)$ 表示方位频域包络，f_r 表示距离向频率，f_a 表示方位向频率，f_c 表示载频，c 表示真空中的光速，$\Phi(f_r, f_a)$ 表示频谱相位，其表达式为

$$\begin{aligned}
\Phi(f_r, f_a) &\approx -4\pi\left(\frac{f_c + f_r}{c}\right)r_0 + \pi\frac{c}{4k_2(f_c + f_r)}\left[f_a + (f_c + f_r)\frac{2k_1}{c}\right]^2 \\
&+ \pi\frac{c^2 k_3}{16k_2^3(f_c + f_r)^2}\left[f_a + (f_c + f_r)\frac{2k_1}{c}\right]^3 \\
&+ \pi\frac{c^3(9k_3^2 - 4k_2 k_4)}{256k_2^5(f_c + f_r)^3}\left[f_a + (f_c + f_r)\frac{2k_1}{c}\right]^4
\end{aligned}$$

$$(6.15)$$

通过将上式中的 k_2 和 k_3 分别替换为 $k_2 + \Delta k'_2(t_0, r_0)$ 和 $k_3 + \Delta k'_3(t_0, r_0)$，就可以快速得到几何空变和背景对流层变化所对应的不同位置、不同影响下的频域相位 $\Phi(t_0, r_0, f_r, f_a)$。

类似于第 4 章频域成像处理的方法，为了实现几何空变误差与背景对流层延迟误差的补偿，本书根据经典的 RD 算法，将频域相位进一步分解为

$$\Phi(f_r, f_a) \approx \begin{cases}
\Phi_{res} & \rightarrow & \Phi(0, 0) \\
+ \Phi_{ac}(f_a) & \rightarrow & \Phi(0, f_a) - \dfrac{4\pi r_{0,c}}{\lambda} \\
+ \Phi_{rcm}(f_r, f_a) & \rightarrow & \left[\left.\dfrac{\partial\Phi(f_r, f_a)}{\partial f_r}\right|_{f_r=0}\right] \cdot f_r \\
+ \Phi_{src}(f_r, f_a) &
\end{cases}$$

$$(6.16)$$

其中，$\Phi_{src}(f_r, f_a)$ 的表达式可以通过将式（6.16）代入式（6.15）得出。在此基础上，可以通过二维频域的相位相乘实现一致相位补偿，其对应的相位表达式为

$$\Phi_{bulk}(f_r, f_a) \approx \Phi(t_{0,c}, r_{0,c}, f_r, f_a) - \Phi_{ac}(t_{0,c}, r_{0,c}, f_a) \quad (6.17)$$

类似地，$\Phi_{ac}(t_{0,c}, r_{0,c}, f_a)$ 可以通过将 $\Phi_{ac}(f_a)$ 中的 k_2 和 k_3 分别替换为 $k_2 + \Delta k'_2(t_{0,c}, r_{0,c})$ 和 $k_3 + \Delta k'_3(t_{0,c}, r_{0,c})$ 而得到。在一致相位补偿之后，在频域实现了距离向与方位向误差的解耦，后续将分别针对方位向与距离

向空变进行处理。

6.2.3 距离向空变补偿

由于几何空变误差与背景对流层变化的影响，信号模型中的系数会沿着距离向发生变化。为了得到精确聚焦的 SAR 图像，需要考虑由系数的距离空变而引入的相位变化。这里首先考虑距离空变的影响，方位空变以及交叉耦合项的影响将放在下一小节讨论。所以假设一致相位补偿后的数据是方位空不变的，由此可以将其变换到距离多普勒域，进而补偿随距离时间与方位频率变化的相位误差。首先，考虑残余 RCM 的距离空变，其表达式为

$$\Delta R_{\mathrm{rcm}}\left(r_0, f_{\mathrm{a}}\right) \approx -\frac{c}{4\pi f_{\mathrm{r}}}\left[\Phi_{\mathrm{rcm}}\left(t_{0,\mathrm{c}}, r_0, f_{\mathrm{r}}, f_{\mathrm{a}}\right) - \Phi_{\mathrm{rcm}}\left(f_{\mathrm{r}}, f_{\mathrm{a}}\right)\right]$$

$$(6.18)$$

残余 RCM 的空变误差可以根据 $\Delta R_{\mathrm{rcm}}\left(r_0, f_{\mathrm{a}}\right)$ 的表达式，通过在距离多普勒域的插值实现。而事实上，在经过二维频域的一致相位补偿之后，残余的 RCM 很小，所以这一步补偿仅在一些特殊的情况下考虑，如超高分辨、超大测绘带或者恶劣的天气状况。

然后，考虑方位压缩相位的距离空变，其相位可以表示为

$$\Phi_{\mathrm{rv,ac}}\left(r_0, f_{\mathrm{a}}\right) \approx \Phi_{\mathrm{ac}}\left(t_{0,\mathrm{c}}, r_0, f_{\mathrm{a}}\right) - \Phi_{\mathrm{ac}}\left(t_{0,\mathrm{c}}, r_{0,\mathrm{c}}, f_{\mathrm{a}}\right) \quad (6.19)$$

其中，下标 rv, ac 分别表示方位压缩相位的距离空变。对于方位压缩相位的距离空变补偿可以通过在距离多普勒域的相位相乘实现。

6.2.4 方位向及交叉耦合空变补偿

本小节将进一步考虑方位空变与交叉耦合空变的补偿问题。根据式（6.10）中所提出的假设，以及第 4 章分析结果，由几何空变误差和背景对流层变化所引入的距离徙动的方位空变可以忽略不计。所以本小节只考虑方位压缩相位的方位空变问题。由于方位空变的方位压缩相位同时随方位时间以及方位频率发生变化，因此不能像距离空变补偿一样，通过某一个域内简单的相位相乘而实现。幸运的是，斜距模型中方位空变系数的变化是线性的，所以可以通过引入方位向调频尺度变换来解决这一问题。

首先，将距离空变补偿后的数据转换到二维时域，通过一个调频尺度变换

函数相乘，将斜距模型重建为

$$r\left(t_a; t_0, r_0; A_{meteo}\right) \approx r_0 + k_1 \left(t_a - t_0\right) + \left[k_2 + \Delta k'_2 \left(t_0, r_0\right)\right] \left(t_a - t_0\right)^2$$
$$+ \left[k_3 + \Delta k'_3 \left(t_0, r_0\right)\right] \left(t_a - t_0\right)^3$$
$$+ k_4 \left(t_a - t_0\right)^4 + \kappa_3 t_a^3 + \kappa_4 t_a^4 \tag{6.20}$$

将式（6.13）代入式（6.20）可得

$$r\left(t_a; t_0, r_0; A_{meteo}\right) \approx r_0 + k_1 \left(t_a - t_0\right) + \left[k_2 + \Delta k'_{2,a}\right.$$
$$\cdot \left(t_0 - t_{0,c}\right) + \Delta k'_{2,ra} \cdot \left(r_0 - r_{0,c}\right)$$
$$\cdot \left(t_0 - t_{0,c}\right)\right] \left(t_a - t_0\right)^2$$
$$+ \left[k_3 + \Delta k'_{3,a} \cdot \left(t_0 - t_{0,c}\right) + \Delta k'_{3,ra}\right.$$
$$\cdot \left(r_0 - r_{0,c}\right) \cdot \left(t_0 - t_{0,c}\right)\right] \left(t_a - t_0\right)^3$$
$$+ k_4 \left(t_a - t_0\right)^4 + \kappa_3 t_a^3 + \kappa_4 t_a^4 \tag{6.21}$$

不妨假设 $t_{0,c} = 0$，将上式重新沿 $(t_a - t_0)$ 展开可得

$$r\left(t_a; t_0, r_0; A_{meteo}\right) \approx r_0 + \kappa_3 t_0^3 + \kappa_4 t_0^4 + \left(k_1 + 3\kappa_3 t_0^2 + 4\kappa_4 t_0^3\right) \left(t_a - t_0\right)$$
$$+ \left\{k_2 + \left[\Delta k'_{2,a} + \Delta k'_{2,ra} \cdot \left(r_0 - r_{0,c}\right) + 3\kappa_3\right] t_0 + 6\kappa_4 t_0^2\right\} \left(t_a - t_0\right)^2$$
$$+ \left\{k_3 + \kappa_3 + \left[\Delta k'_{3,a} + \Delta k'_{3,ra} \cdot \left(r_0 - r_{0,c}\right) + 4\kappa_4\right] t_0\right\} \left(t_a - t_0\right)^3$$
$$+ \left(k_4 + \kappa_4\right) \left(t_a - t_0\right)^4 \tag{6.22}$$

在 $(t_a - t_0)^i$ 的系数中，相比于 t_0 的常数项和线性项，高阶项很小，可以忽略不计。此外，为了得到方位空不变的斜距模型，$(t_a - t_0)^2$ 和 $(t_a - t_0)^3$ 的系数中 t_0 的线性项的系数应被置为零，由此可以得到如下方程组

$$\begin{cases} \Delta k'_{2,a} + \Delta k'_{2,ra} \cdot \left(r_0 - r_{0,c}\right) + 3\kappa_3 = 0 \\ \Delta k'_{3,a} + \Delta k'_{3,ra} \cdot \left(r_0 - r_{0,c}\right) + 4\kappa_4 = 0 \end{cases} \tag{6.23}$$

根据方程组，可以得到尺度变换函数中的系数

$$\begin{cases} \kappa_3 = -\dfrac{\Delta k'_{2,a} + \Delta k'_{2,ra} \cdot \left(r_0 - r_{0,c}\right)}{3} \\ \kappa_4 = -\dfrac{\Delta k'_{3,a} + \Delta k'_{3,ra} \cdot \left(r_0 - r_{0,c}\right)}{4} \end{cases} \tag{6.24}$$

然后，将数据变换到距离多普勒域补偿方位压缩相位以及由尺度变换函数引入的频域相位。利用级数反演和驻定相位原理，得到补偿相位的表达式为

$$\Phi_{av,ac}\left(r_0, f_a\right) \approx \frac{4\pi}{\lambda} \left(k_2 t_{a,SPP}^2 \left(f_a\right) + \left(k_3 + \kappa_3\right) t_{a,SPP}^3 \left(f_a\right)\right.$$
$$+ \left(k_4 + \kappa_4\right) t_{a,SPP}^4 \left(f_a\right)\right] + 2\pi f_a t_{a,SPP} \left(f_a\right) \tag{6.25}$$

其中，$t_{a,SPP}$（f_a）表示驻定相位点，其表达式为

$$t_{a,SPP}（f_a）\approx -\frac{\lambda f_a}{4k_2}-\frac{3（k_3+\kappa_3）\lambda^2 f_a^2}{32k_2^3}-\frac{（9k_3^2-4k_2k_4+18k_3\kappa_3+9\kappa_3^2-4k_2k_4）\lambda^3 f_a^3}{128k_2^5}$$

$$-\frac{15（k_3+\kappa_3）（9k_3^2-8k_2k_4+18k_3\kappa_3+9\kappa_3^2-8k_2\kappa_4）\lambda^4 f_a^4}{2\,048k_2^7} \quad （6.26）$$

6.3　实验仿真与结果分析

为了验证本章所提背景对流层延迟误差补偿算法，本节开展了倾斜轨道 GEO SAR 系统的成像仿真实验，系统参数设置如表 6.1 所示。

表 6.1　倾斜轨道 GEO SAR 系统参数设置

参数	数值
轨道半长轴/km	42 164.17
偏心率	10^{-8}
轨道倾角/ (°)	60
升交点赤经/ (°)	0
近地点幅角/ (°)	0
真近点角/ (°)	0
载频/GHz	1.25
天线尺寸（距离×方位）/ (m×m)	30×30
斜视角/ (°)	0
入射角/ (°)	30.28
PRF/Hz	200
脉冲宽度/μs	1
带宽/MHz	30

成像场景设定在赤道附近，大小为 20 km×20 km，其中等间隔设置了 25 个点目标，点目标间隔为 4.5 km×4.5 km，如图 6.10 所示。在成像实验中，考虑两种典型的背景对流层延迟误差，一种的主分量为二阶误差（情况 1），另一种的主分量为三阶误差（情况 2）。两种误差的三维分布如图 6.11 所示（见彩插），其中，A、B、E、C、D 分别对应图 6.10 中的点目标 1, 2, 3, 4, 5。由于场的尺度已达到 20 km，考虑到典型的对流层变化梯度为 0.1 cm/km，本节假设对流层延迟最大变化误差为 0.15 m。两种误差情况下，场景四个角点

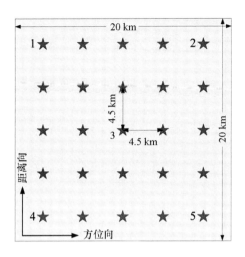

图 6.10　仿真实验场景设置

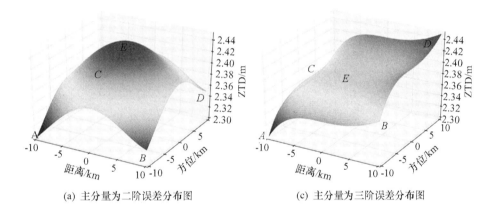

(a) 主分量为二阶误差分布图　　　(c) 主分量为三阶误差分布图

图 6.11　两种典型的背景对流层延迟误差

与中心点的气象参数设置如表 6.2 所示。根据气象参数可以计算得出两种情况下的背景对流层延迟误差分布，进而利用 ReBP 回波仿真算法产生 GEO SAR 原始回波数据。在成像处理中，根据是否考虑背景对流层误差的影响，得到四种不同的成像结果，即情况 1 未补偿处理、情况 1 补偿处理、情况 2 未补偿处理、情况 2 补偿处理。为了显示实验的成像结果，本节选择了五个点目标进行细节展示，其位置如图 6.10 所示。在四种不同的成像结果中，坐标显示的点目标二维聚焦图像如图 6.12 所示，其中点目标的成像质量分析结果如表 6.3

所示。

表 6.2　两种情况下场景中各点的气象参数

参数	情况 1					情况 2				
	A	B	C	D	E	A	B	C	D	E
气温/℃	28	29.5	30	29	30	28	29.5	29	30	29.3
气压/hPa	1 008.1	1 008.4	1 008.4	1 008.9	1 009.3	1 008.1	1 008.4	1 008.5	1 009.3	1 008.9
水汽压强/hPa	5.79	8.59	8.6	11.38	22.95	5.79	14.28	14.26	22.95	17.21
延迟/cm	2.3	2.4	2.45	2.41	2.35	2.3	2.39	2.40	2.41	2.45

表 6.3　点目标成像质量评估结果

类型	参数	点目标 1		点目标 2		点目标 3		点目标 4		点目标 5	
		方位向	距离向	方位向	距离向	方位向	距离向	方位向	距离向	方位向	距离向
情况 1 未补偿处理	分辨率/m	2.14	4.44	2.1	4.41	2.14	4.45	2.13	4.41	2.12	4.45
	PSLR/dB	−8.95	−14.23	−8.88	−13.99	−8.32	−13.85	−8.96	−13.9	−8.6	−13.9
	ISLR/dB	−6.21	−11.09	−7.22	−10.96	−6.2	−10.6	−6.22	−10.88	−6.96	−10.83
情况 1 补偿处理	分辨率/m	2.04	4.45	2.03	4.45	2.04	4.41	2.04	4.45	2.04	4.48
	PSLR/dB	−13.06	−13.89	−13.22	−13.71	−13.26	−14.07	−13.25	−13.72	−13.14	−13.9
	ISLR/dB	−9.78	−10.93	−9.77	−10.74	−9.84	−10.98	−9.89	−10.69	−9.81	−10.82
情况 2 未补偿处理	分辨率/m	2.08	4.47	2.04	4.45	2.06	4.41	2.09	4.47	2.05	4.48
	PSLR/dB	−8.48	−13.95	−9.48	−13.71	−9.07	−14.08	−8.47	−13.72	−9.4	−13.9
	ISLR/dB	−12.21	−10.93	−12.97	−10.74	−12.99	−10.96	−12.28	−10.67	−13.31	−10.81
情况 2 补偿处理	分辨率/m	2.04	4.47	2.04	4.45	2.04	4.41	2.05	4.45	2.04	4.48
	PSLR/dB	−13.05	−13.9	−13.19	−13.71	−13.27	−14.07	−13.21	−13.72	−13.12	−13.9
	ISLR/dB	−9.71	−10.93	−9.82	−10.74	−9.85	−10.98	−9.85	−10.7	−9.9	−10.82

由于情况 1 中延迟主分量为二阶误差，通过对比图 6.12（a）和（b）

（见彩插）可以发现，未进行补偿处理的成像结果中方位向出现了主瓣展宽，而补偿之后该现象得到明显抑制，这与前期的分析是一致的。类似地，对于情况 2，从图 6.12（c）和（d）（见彩插）可以看出，通过补偿处理，由三阶误差引入的非对称旁瓣被明显地抑制。由此可以得出结论，本书所提方法可以有效地补偿由背景对流层延迟所引起的去相干误差。

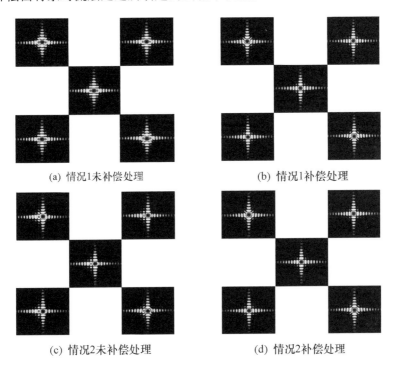

(a) 情况1未补偿处理　　　　　　　　　(b) 情况1补偿处理

(c) 情况2未补偿处理　　　　　　　　　(d) 情况2补偿处理

图 6.12　场景中五个点目标的二维成像结果

6.4 本章小结

本章重点考虑了背景对流层误差对于 GEO SAR 成像的影响以及补偿处理方法。首先，利用之前建立的 GEO SAR 几何模型与背景对流层延迟误差模型，在 GEO SAR 成像几何框架下，将背景对流层误差划分为常量误差、空变误差与时变误差，并针对每一种误差的影响展开分析。根据分析结果进而得出结论，在 GEO SAR 成像中常量误差与空变误差的影响很小，可以忽略不计，但时变误差引入的影响必须考虑。其次，在考虑了 GEO SAR 几何空变误差、背景对流层误差以及耦合误差的影响后，提出了一种能够显著改善聚焦深度的 GEO SAR 成像处理方法。最后，通过成像仿真实验验证了本章所提方法能够很好地解决由背景对流层误差引入的主瓣展宽与非对称旁瓣问题，在进行去相干补偿处理之后，能够得到良好的聚焦图像。

第 7 章
GEO SAR 扰动对流层影响补偿处理

　　根据第 5 章对流层建模内容可知，GEO SAR 系统中的扰动对流层延迟会在回波数据中引入沿距离－方位二维快变的随机相位，表现在 SAR 图像中则是沿距离向和方位向不同程度的散焦。因此，要补偿扰动对流层的影响须重点关注两个方面：一是扰动对流层延迟误差具有二维随机扰动的特点，所以要先进行随机相位的估计，再考虑误差补偿；二是扰动对流层延迟包含较多高频分量，无法像背景对流层延迟一样通过低阶模型进行拟合补偿。本章将重点针对以上两个问题，探索扰动对流层延迟误差的估计与补偿方法。

7.1　GEO SAR 成像中扰动对流层延迟的估计机理

对于 SAR 系统自身以及传播等过程中引入误差的估计与补偿研究由来已久，常见的误差来源有时钟误差、天线指向误差、运动误差、传播误差等，此类误差的共性特点就是随机性，因此，在数据处理过程中首先需要对误差的时间与空间分布进行估计，然后通过特定的方式进行补偿处理。目前，被研究学者广泛关注的误差有机载 SAR 系统的运动误差、星载 SAR 系统的时钟误差，而本书所研究的扰动对流层误差在一些先进的 SAR 体制中（如 GEO SAR、高分辨 LEO SAR 等）也逐渐被重视。

为了补偿 SAR 系统中的运动、时钟等随机性误差，大量的估计与补偿方法被提出或引入 SAR 信号处理领域。最先使用的方法有图像偏移方法（MDA）、多子孔径图像偏移（multiple aperture mapdrift，MAM）、相位差分（phase difference，PD）以及相位梯度自聚焦（phase grdient autofcous，PGA）等。这一类算法通常只考虑相位误差随回波域方位时间的变化，而没有考虑随图像方位时间及图像斜距的变化，因此被认为是空不变的自聚焦算法，本书将定义为第 0 类自聚焦方法。在聚束模式的数据处理过程中，通常假设场景中的目标具有相同的多普勒历程，因此，此类自聚焦算法被广泛应用于聚束 SAR 数据的误差补偿。进一步考虑方位向大尺度的聚束 SAR 及条带 SAR 等模式下的随机误差，此时不同方位目标的多普勒历程存在差异，需要考虑随机误差跨合成孔径的变化，也即是随图像域方位时间的变化。相关学者提出了改进的 PGA、改进的 MDA 等方法，以实现跨孔径随机误差的估计与补偿，本书将其定义为第 1 类自聚焦方法。以上方法均假设场景中各距离向上的目标所经历的随机误差是相等的，然而随着距离向宽幅测绘的出现，由目标对应下视角的不同所引入的耦合相位误差会显著影响目标点的聚焦，即使采用第 1 类自聚焦的方法实现了参考斜距上目标的聚焦，而非参考斜距上的目标仍存在残余误差引起的散焦。为此，相关学者提出了能够实现方位向随机相位误差估计与补偿，并能够实现距离向残余几何误差估计与补偿的自聚焦处理方法。由于方位向误差是外部引入的，而距离向误差是成像几何造成的，本书将此类方法定义为第 1.5 类自聚焦方法。通过上述分析可以看出，运动、时钟等随机误差主要表现为随方位时间的变化，呈现一维快变特性，而对于本章所研究的扰动对流层延迟误差，其呈现二维随机分布特性。对于此类误差的估计与补偿，本书将其定义为第 2 类自聚焦方法。在未来的 SAR 系统中，还需进一步考虑传播过程中垂直分层变化、传播介质随时间的变化等因素，本书将补偿该因素的方法定义为第 3 类自聚焦方法。

根据第 5.3.3 节的仿真结果可以看出，成像处理起到了低通滤波的作用，聚焦图像中的对流层扰动延迟相位分布相当于合成孔径时间内每一个时间采样上对流层空间分布的平均。因此，可以从聚焦图像出发对随机扰动分量在合成孔径时间内平均的空间分布进行估计，即只须考虑对流层延迟在合成孔径时间内整体作用的结果，而不需要考虑对流层延迟的时变过程。因此，本章将探索第 2 类自聚焦方法，以实现二维扰动对流层延迟补偿的估计与补偿处理。

为了研究扰动对流层二维空变误差的影响，采用引入误差隔离的策略，进而忽略其他误差源引入的影响。因为其他误差源也服从二维空变或者一维空变分布，所以这一策略是合理的，对于即将引入的估计与补偿方法没有影响。由于最终的目的是获得精确聚焦的 SAR 图像，因此可以忽略误差的产生机理，将其视为一个总的二维空变误差。在此基础上，本节建立起对流层误差产生机理与估计机理的对应关系，如图 7.1 所示。在估计机理的范畴内，根据对流层延迟误差随空间与时间的变化不同，将其划分为常数分量、线性分量、缓变分量与快变分量。一方面，根据第 5 章分析可知，背景对流层误差主要包含常数

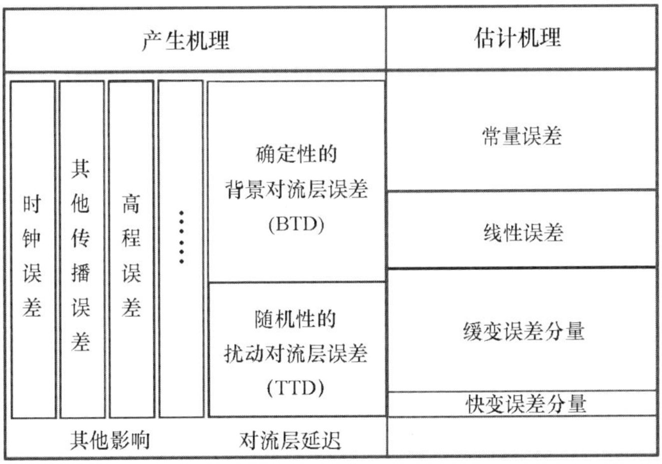

产生机理					估计机理
时钟误差	其他传播误差	高程误差	⋯⋯	确定性的背景对流层误差（BTD）	常量误差
					线性误差
				随机性的扰动对流层误差（TTD）	缓变误差分量
					快变误差分量
其他影响				对流层延迟	

图 7.1　对流层延迟误差的产生机理与估计机理之间的对应关系

分量、线性分量与很小一部分的缓变分量。在大的时间与空间尺度下，背景对流层延迟误差可以通过辅助的大气参数进行计算或估计。另一方面，扰动对流层误差包含了大部分的缓变分量和一小部分的快变分量。由于快变分量在整个延迟误差中所占分量很小，相比于缓变分量，其所带来的影响可以忽略不计，因此，本书将缓变误差分量近似为扰动对流层延迟误差。根据扰动对流层延迟误差的产生机理，虽然其变化受大气参数，尤其是水汽压强的影响显著，但是目前为止，还没有时间分辨与空间分辨足够高的测量数据，用于支撑扰动对流层延迟误差的计算。所以本书改变扰动对流层误差的计算策略，尝试利用粗聚焦后的 SAR 图像，通过以 MDA 为核心的自聚焦方法，估计扰动对流层误差。以上想法与假设构成了本章的理论基础。

7.2　MDA 算法介绍

7.2.1　经典 MDA 处理方法及流程

最早的基于 SAR 数据进行相位修正的方法是子孔径处理技术，这一类的算法通常称为 MDA[61,122-123]。MDA 的基本假设是孔径内的相位误差函数可以通过有限阶的多项式进行描述。这一假设使相位估计简化为对多项式各阶系数的估计。经典的 MDA 算法假设相位的误差仅包含二阶项，因此，可以通过 $\phi(t_a) \approx \Delta K_a \cdot t_a^2$ 的形式对误差相位进行建模，即通过估计 ΔK_a 就可以实现对整个孔径内相位误差函数的估计。

MDA 的实现主要依赖于 SAR 图像以下两点基本性质。一是通过子孔径聚焦的图像与全孔径聚焦的图像在幅度上十分近似，仅仅是分辨率上有略微的变化，这一性质保证了每个子孔径聚焦后图像之间的相关性。但是需要指出的是，对于一些低分辨率图像，或者某些地形结构复杂的 SAR 图像，子孔径图像之间也存在着严重的去相关，此时就需要考虑如何避免引入较大的估计误差，这一点将在后续章节中进行介绍。二是根据傅里叶变化的相关性质，沿方位向的线性相位将在方位频域引入一个位置偏移[61]。

经典的 MDA 算法处理过程如图 7.2 所示，假设 SAR 图像受到如图 7.2（a）所示的二次相位误差影响，如果将孔径划分成等长的两部分进行成像处理，每半孔径生成的图像受到的二次相位误差影响可以分解为一个二阶相位和一个线性相位的叠加，其中线性相位部分会导致图像沿方位向的位置偏移。通过对两幅图像取互相关，计算互相关函数的最大值位置相对于零点位置的偏移量，这个偏移量即是两幅图像间的位置偏移量，进一步根据这个偏移量可以推导出对应的二次相位项系数，进而可以估计出整个孔径内的相位误差，即 $\hat{\phi}(t_a) \approx \Delta \hat{K} \cdot t_a^2$，最后通过相位相乘实现误差的补偿。需要说明的是，图 7.2 中所描述的处理过程可以多次迭代，以提高相位补偿的精度，从而实现更好的图像重聚焦。

经典的 MDA 算法仅用于估计二次相位系数，而通过改进可以实现更高阶

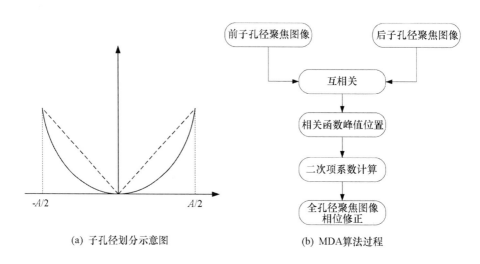

| (a) 子孔径划分示意图 | (b) MDA算法过程 |

图 7.2　经典 MDA 处理示意图

数相位误差系数的估计。通常情况下，如果想估计 n 阶相位误差，需要将孔径划分为 $n+1$ 等份。随着阶数的提高，子孔径越小，相应的聚焦图像分辨率越低，对应的互相关函数的误差也越大，而估计的高阶相位系数会越不准确。通常情况下，通过 MDA 算法最高可以实现 5 阶相位误差函数的估计。

对于机载和低轨 SAR 来说，MDA 提供了一种很好的相位补偿思路，但是该方法没有考虑相位误差函数在不同孔径内的变化（即沿方位向的变化），也没有考虑斜距变化所引起的方位向调频率等参数的变化。第 7.2.2 节将引入一种通过频域划分子带实现更为快捷的相位估计的改进 MDA。

7.2.2　基于子带划分的改进 MDA 算法

在经典 MDA 原理的基础上，本节介绍一种更为高效的移位相关（shift and correlate）自聚焦算法[124]，相对于经典算法，其可以实现 50% 的计算量优化，且由于不用进行迭代处理，因此具有很高的处理效率，更适用于 GEO SAR 系统下对流层扰动估计。该算法的主要处理过程如图 7.3 所示，相关的处理步骤包括：

（1）频谱中心化：在时域对聚焦后的 SAR 图像进行线性相位相乘，以补偿由多普勒中心不为零而引入的频谱偏移，进而使得零频位于中心，以提高后续处理精度。

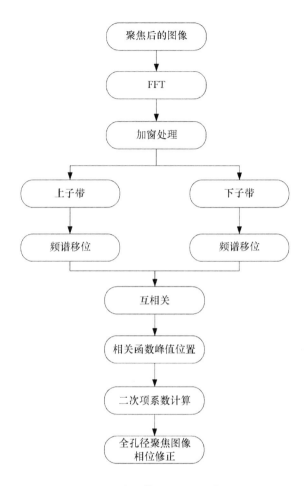

图 7.3 改进的 MDA 处理过程

（2）频域加窗：通过傅里叶变换将图像变换到频域，进一步循环移位实现频谱中心化，然后根据距离向和方位向的过采样率对图像进行频域加窗处理，以减小非相关因素的影响。

（3）划分子带：根据图像方位向的带宽以及系统 PRF，对图像的频谱支撑区域沿方位向进行二等分，分别得到对应的上子带数据和下子带数据。

（4）频谱移位：通过 $\pm\dfrac{B_a}{4}$ 的频谱移位，分别将上下子带的频谱支撑区移动到中心位置，为后续图像的相关处理做准备。相应的处理示意如图 7.4 所示，其中灰色区域表示频谱的支撑区，从左到右分别表示了图像的原始频谱、加窗处理、频谱分割产生上下子带，以及各子带频谱中心化。

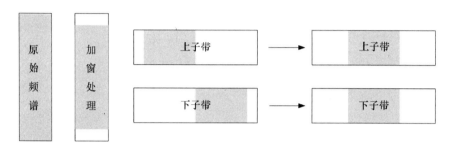

图 7.4 改进 MDA 算法频谱处理示意图

（5）互相关处理：通过频谱的共轭相乘得到图像的互相关函数，变换到时域后，通过检测最大值位置可以得到像素级的位置偏移。

（6）通过频域相位相乘，补偿像素级位置偏移引入的线性相位，进一步进行亚像素级位置偏移的估计。此时，假设频域仅残余一个斜率很小的线性相位，通过上半频带和下半频带的共轭相乘，可以得到一个固定的相位偏差，进一步地通过在频带内取平均值的办法取得此相位差值的估计值，通过加权因子 $\frac{1}{2\pi} \times \frac{1}{0.5}$ 计算出对应的亚像素级的位置偏差。

（7）计算二次项系数：类似于经典的 MDA，在得到位置偏移后，可以通过相关的模型推导出对应的二次项系数，参考图 7.2（a），可以得到

$$2\pi\Delta f_a t_a = \Delta\varphi(t_a) = \varphi(t_a) + \varphi^*(t_a) \approx \pi\Delta K_a \Delta T_a t_a$$

$$\Delta K_a \approx \frac{2\Delta f_a}{\Delta T_a} \tag{7.1}$$

其中，$\varphi^*(t_a)$ 表示相位的共轭。

至此，通过频域的方法得到了图像的位置偏移，需要说明的是，上述步骤（6）和步骤（7）也可以通过多次迭代处理以提高最后的估计精度。

7.3　基于 block-MDA 对流层延迟扰动分量估计与补偿

7.3.1　扰动对流层延迟相位估计

为了估计扰动对流层引入的二维空变相位误差，提出一种以改进 MDA 为内核的子块图像偏移算法（block-MDA），其处理及算法过程如图 7.5 所示。该算法的主要思路是将方位向未压缩的数据划分成子带与子块，对于每一条子带中的子块，都可以通过改进 MDA 算法估计出一个二阶导数对应的系数。然后根据子块的方位与距离位置坐标，将所有的系数拼接起来形成矩阵，这样就可以得到一个相位误差随方位时间变化的二阶偏导数，进而通过插值和积分运算就可以估计相关区域的相位误差。

由于 MDA 可以估计沿方位向的二阶相位误差，首先将图像沿距离向划分成子带，步骤如图 7.5 中步骤①所示。根据距离向估计的精度，需要选择合适的子带宽度与子带间隔，关于子带宽度与间隔的选择将在第 7.3.3 节展开介绍。由于每一条子带只能提供一条沿方位向变化的估计相位，这一相位就是子带内各距离门作用的一个平均结果，即

$$\hat{\phi}^{(j)}(t_{\mathrm{a}}) \approx \mathop{\mathscr{L}}\limits_{k \in W_r} \{\phi_k^{(j)}(t_{\mathrm{a}})\} \tag{7.2}$$

其中，$\phi_k^{(j)}(t_{\mathrm{a}})$ 表示第 j 个子带中第 k 条距离门所包含的扰动对流层延迟相位，$\hat{\phi}^{(j)}(t_{\mathrm{a}})$ 表示第 j 个子带估计相位，是方位向时间 t_{a} 的函数，$\mathscr{L}(\cdot)$ 表示估计函数。

在划分了子带之后，将对每一个子带进行处理。为了获取扰动对流层延迟相位沿方位向的变化趋势，需要得到一系列的二阶导数，进而表征这一变化趋势。通过在每一条子带内进一步划分，得到每一个子块，对应的处理步骤如图 7.5 中步骤②所示，关于子块长度与间隔的选择将在第 7.3.3 节展开介绍。

在确定了间隔和长度之后，使用 MDA 处理得到的子块图像，这样就可以得到扰动对流层相位引入的二阶导数系数

$$\varphi''^{(j)}(n_{\mathrm{a,s}}) \approx 4\pi\Delta f[W_{\mathrm{a}}(i)] \cdot \Delta T_{\mathrm{a}}[W_{\mathrm{a}}(i)], \quad i = 1, 2, \cdots, M_{\mathrm{a}} \tag{7.3}$$

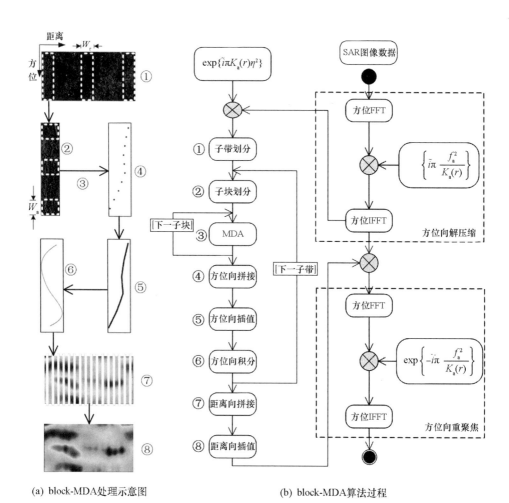

(a) block-MDA处理示意图　　　　　(b) block-MDA算法过程

图 7.5　block-MDA 处理及其算法过程

其中，$n_{a,s}$ 表示子块 $W_a(i)$ 中心位置对应的方位向坐标，下标 s 表示离散采样，$\Delta f\left[W_a(i)\right]$ 和 $\Delta T_a\left[W_a(i)\right]$ 分别表示图像偏移量与 $W_a(i)$ 对应的子孔径宽度，M_a 表示每一条子带中对应的子块总数。其处理流程如图7.5 中步骤③所示。需要说明的是，在某些情况下（如低分辨、复杂地形场景等），由左右子带生成的图像之间存在严重的去相干作用，这会导致 MDA 估计所得到的二阶导数系数存在较大误差，进而会影响最终的扰动对流层延迟相位的估计精度。对于这一误差的分析与控制将在第7.3.3 节中展开讨论。

在此基础上，将进行沿方位向的升采样与积分处理。对于每一条子带，将其中每一个子块所对应的中心方位坐标 $n_{a,s}$ 与 MDA 所得系数 $\phi''^{(j)}$ $(n_{a,s})$（误差控制后）拼接起来，这样就可以得到粗采样的相位二阶导数，如图 7.5 中步骤④所示。为了恢复方位向正常分辨下的相位误差，需要对粗采样结果进行插值处理，如图 7.5 中步骤⑤所示，即

$$\phi''^{(j)} \ (n_a) \approx Interp \ \{\phi''^{(j)} \ (n_{a,s} \in \cup_{E_f}), \ \hat{\phi}''^{(j)} \ (n_{a,s} \in \cup_{E_r})\} \quad (7.4)$$

然后通过两次的相位积分，得到估计相位（如图 7.5 中步骤⑥所示），即

$$\hat{\phi}^{(j)} \ (n_a) \approx \frac{1}{PRF^2} \cdot \sum \sum \phi''^{(j)} \ (n_a) \quad (7.5)$$

需要说明的是，在积分的过程中，由于误差的存在会产生常数与线性相位，为了减少误差对后续处理的影响，这里将移除估计相位中的常数与线性分量。

接下来，将每一条子带所得的估计相位沿距离向拼接起来，进而得到一个二维估计结果。此时的二维估计相位在方位向是正常采样的，而距离向是粗采样的，如图 7.5 中步骤⑦所示。为了获得距离向的正常采样，本书进行了距离向的插值处理，即

$$\hat{\phi} \ (n_a, r_0) \approx Interp \ \{\hat{\phi}^{(j)} \ (n_a), j \in M_r\} \quad (7.6)$$

其中，$\hat{\phi}$ (n_a, r_0) 表示最终的二维估计相位（如图 7.5 中步骤⑧所示），其随方位向坐标 n_a、距离向坐标 r_0 而发生变化，M_r 表示总的子带个数。

需要说明的是，在一些情况下，二维估计相位中会出现扇贝效应，其示例如图 7.5 中步骤⑧所示。由于扇贝效应是一个开放性的复杂问题，因此很难找到一种办法将其彻底解决，本书在第 7.3.3 节中将讨论遇到的几种典型情况以及解决方法。

7.3.2　扰动对流层延迟相位补偿

在估计得到二维扰动对流层延迟误差之后，将对原始图像进行补偿处理以得到精确聚焦的 SAR 图像结果，其步骤如图 7.5 中第三列内容所示。首先，在二维时域，将方位向未压缩数据乘以估计所得相位

$$\hat{s}_{adc} \ (n_a, r_0) \ = s_{adc} \ (n_a, r_0) \ \cdot \exp \ \{-j\hat{\phi} \ (n_a, r_0)\} \quad (7.7)$$

其中，s_{adc} 和 $\hat{s}_{adc}$ 分别表示相位补偿前后的方位向未压缩数据。然后，在距离多普勒域进行方位压缩处理

$$S_{ac}\left(f_a, r_0\right) = S_{adc}\left(f_a, r_0\right) \cdot \exp\left\{-\pi j \frac{f_a^2}{K_a\left(r_0\right)}\right\} \qquad (7.8)$$

其中，S_{adc} 和 S_{ac} 分别表示方位向未压缩数据与方位向压缩数据对应的方位向频域数据。最后，通过方位向逆傅里叶变换就可以得到精确聚焦的 SAR 图像。

7.3.3 参数选择与误差控制

根据之前的 block-MDA 处理步骤，本节将针对其中重点步骤的参数选择与误差控制进行分析。

1. 子带与子块的长宽与间隔选择

在图 7.5 中步骤①所涉及的子带宽度 W_r 与子带间隔主要取决于估计相位的精度与估计效率需求。如果采用较大的 W_r，估计效率将得到显著改善，但是距离向估计相位的分辨率将会下降。相反地，如果 W_r 很小，每一条子带内的距离门数量会减少，进而导致估计结果会对噪声等因素的影响更加敏感。而对于子带间隔，通常情况下，为了获得更高的精度，会在相邻的子带之间设置重叠区域，所以子带宽度与子带间隔之间没有严格的约束关系。

与子带划分策略相似，图 7.5 中步骤②子块的长度与间隔选择也需要均衡考虑精度与效率的需求。

2. 去相干误差的分析与修正

为了分析图 7.5 中步骤③所示的去相干误差，这里首先给一个典型示例，如图 7.6 所示。图中每一个点都代表一个子块估计所得的图像偏移量，相同颜色的点表示来自同一条子带，而不同颜色的三条线则表示相邻三个子带的估计结果。

考虑到扰动对流层误差随时间与空间缓慢变化的特点，相邻子带与相邻子块间的估计结果会存在相似性，也即相同颜色的点具有近似的连续性、不同颜色的线具有相似性。所以由去相干效应引入的误差点可以通过比较相邻点、线的方式进行检测。例如，通过设定一个阈值，就可以很容易地发现图中存在的

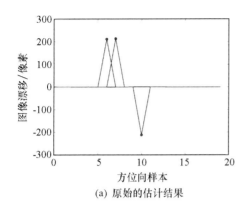

(a) 原始的估计结果

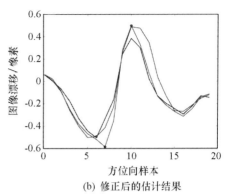

(b) 修正后的估计结果

图 7.6　基于 MDA 的对流层相位估计二阶导数修正处理

几个误差点。如果不对误差点进行控制，而使其传递到后续处理步骤中去，将会完全扰乱整个相位估计体系。

为了减轻误差点的影响，需要在应用之前对其进行检测与修正。根据估计结果的连续性与相似性，利用临近系数对误差点进行检测。在去除常数分量与线性分量之后，误差相位的二阶导数主要分布在零点附近，所以可以将系数的标准差作为一个阈值来检测误差系数，即

$$\begin{cases} \phi''^{(j)}\left(n_{a,s}\right) \geqslant k \cdot \sigma, \ \phi''^{(j)}\left(n_{a,s} \in \cup_{E_r}\right) \ 误差点 \\ \phi''^{(j)}\left(n_{a,s}\right) < k \cdot \sigma, \ \phi''^{(j)}\left(n_{a,s} \in \cup_{E_f}\right) \ 有效点 \end{cases} \tag{7.9}$$

其中，σ 表示一条子带上所有子块求得的二阶导数系数的标准差，k 表示一个加权系数，通常情况下，将其固定在 $2 \sim 4$ 之间，$\cup_{E_r}$ 和 $\cup_{E_f}$ 分别表示误差点与有效点的集合。

其次，本书利用 $\cup_{E_f}$ 中的有效点来修正 $\cup_{E_r}$ 中的误差点，即

$$\hat{\phi}''^{(j)}\left(n_{a,s} \in \cup_{E_r}\right) \approx E_s\left\{\phi''^{(j)}\left(n_{a,s} \in \cup_{E_f}\right)\right\} \tag{7.10}$$

其中，E_s 表示修正方法（如拟合、插值、预测等）。本书采用三次样条插值的方法来修正误差点。图 7.6（a）修正结果如图 7.6（b）所示，可以看出，通过利用相邻的有效点，显著大于阈值的误差点被修正。对比不同颜色的线条可以发现，误差点的数值已被降低到一个正常的范围。如此，MDA 引入的误差得到了显著的控制，进而保证了整个 block-MDA 的估计精度。

3. 扇贝效应的改善

为了改善图 7.5 中步骤⑧所提到的扇贝效应，这里分析了几种典型情况的产生原因，并给出相应的解决办法。

（1）当子带划分的间隔过小，可能会出现扇贝效应。在这种情况下，需要增大间隔，或者将子带划分成不同的组，利用平均的方法以降低扇贝效应的影响。

（2）如果相位沿距离向变化十分严重，这时采用三次样条插值可能会引入扇贝效应。一种替代方法是通过基于最小二乘高阶拟合的方式来实现距离向插值，但是在这种方法中拟合阶数是一个核心参数，必须慎重选择以减小拟合的误差。

（3）当一条子带中存在较大的拟合误差时，可能会引入局部的扇贝效应。可以将误差点检测的策略引入距离向的处理中去，以减小误差影响。另一种有效的方式是引入一个去除了最大、最小值的局部均值滤波器，也可以减轻扇贝效应的影响。

需要说明的是，以上操作或方法都是在距离向插值之前进行的。

7.4　实验仿真与结果分析

为了验证 block-MDA 的有效性，本节分别利用 LEO SAR 系统点目标图像与 GEO SAR Sentinel 实际图像数据对算法进行仿真验证，相应的验证过程如图 7.7 所示。由于 Sentinel 的数据是在 TOPS 模式下获得的，为了简便起见，本章通过升采样之后加低通滤波器的方法将其等效为条带模式数据。如此，便可以只关注扰动对流层误差的估计与补偿，而不考虑 TOPS 模式中对应的复杂处理过程。利用第 5 章所建立的扰动对流层模型来生成随机的延迟相位，进而将其引入方位向未压缩数据中去。然后，通过方位向压缩处理，可以得到粗聚焦的 SAR 图像。进而，将粗聚焦的 SAR 图像作为 block – MDA 的输入数据，完成误差相位的估计以及最终的精确聚焦处理，其中仿真参数如表 7.1 所示。

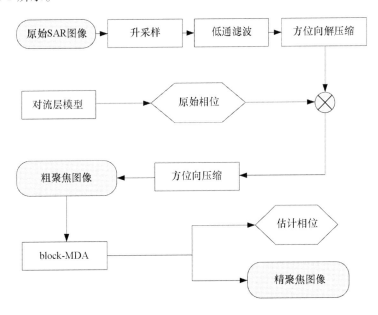

图 7.7　block-MDA 仿真验证过程

表 7.1　SAR 系统仿真参数

参数	LEO SAR 点阵目标	GEO SAR 实际图像数据
距离向带宽/MHz	100	80
距离向采样频率/MHz	140	100
PRF/Hz	3 989	100
方位向带宽/Hz	2 992	60
合成孔径时间/s	0.5	175
波长/m	0.031 3	0.24
地面速度/（m/s）	7 140	300
斜视角/（°）	0	0
均方根 RMS/mm	7	10

7.4.1　LEO SAR 点阵目标

　　首先，引入一个 11×11 的点阵目标，以产生仿真所需的数据，对应的聚焦结果如图 7.8 所示。相邻点目标之间的方位向与距离向间隔分别是 112 m 和 319 m，理论分辨率分别为 2.11 m 和 1.33 m。其中，随机选择 10 个点目标来分析实验结果，对应点目标的顺序和位置如图 7.8 所示。

　　点阵目标仿真中，对应的扰动对流层延迟误差的均方根设为 7 mm，其二维扰动相位的分布如图 7.10（a）所示（见彩插），称为原始相位。进一步地，将包含对流层影响的点阵目标粗聚焦结果输入 block-MDA 处理流程中，以得到精确聚焦的结果。为了进一步说明所提算法中涉及的一些细节内容，随机选择了四条子带，并画出了对应的一维估计相位（对应于图 7.5 中步骤⑥），如图 7.9 所示。正如之前所分析的一样（图 7.1 所示），原始相位服从 Kolmogorov 幂定律分布，其中包含了缓变分量与快变分量。通过二阶导数积分所得的估计相位是二阶连续的，所以在相位变化的波峰和波谷位置，原始相位与估计相位的差异相对较大。但是两者的总体变化趋势，即缓变分量十分接近。

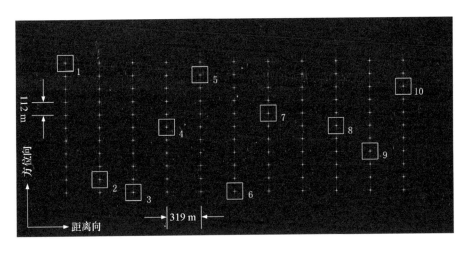

图 7.8　点阵目标聚焦结果及 10 个点目标的编号与位置

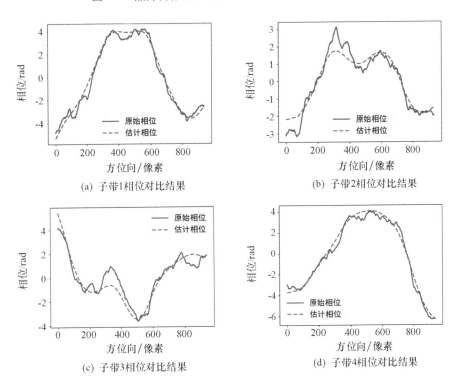

图 7.9　MDA 子带对流层扰动相位估计示例

在得到了每一条子带对应的估计相位之后，根据其距离向分布，将其拼接起来得到距离向粗采样的二维估计相位（对应于图 7.5 中步骤⑦），如图 7.10（b）所示（见彩插）。可以看出估计相位的分布与原始相位分布十分相似。进一步地，通过三次样条插值得到距离向正常采样的估计结果（对应于图 7.5 中步骤⑧），如图 7.10（c）所示（见彩插）。原始相位与最终估计相位之间的差分相位如图 7.10（d）所示（见彩插）。可以看出，在大部分区域内，干涉相位趋近于 0，仅残留一些微弱的变化（残余快变分量）。

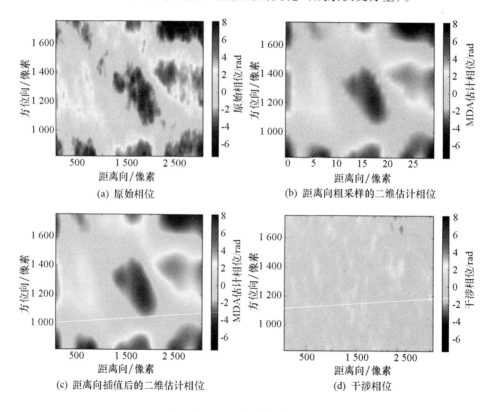

图 7.10　点目标仿真验证中的相位数据

最后，根据式（7.7）和式（7.8）补偿扰动对流层延迟误差，可以得到精确聚焦的点阵目标成像结果。在粗聚焦与精确聚焦的结果中，10 个点目标的二维轮廓如图 7.11 所示。从子图中的第一行可以看出，点目标受到了不同程度的二维空变对流层延迟相位影响。从第二行的结果可以看出，在经过对流层延迟误差补偿之后，点目标的聚焦情况得到了显著的改善。

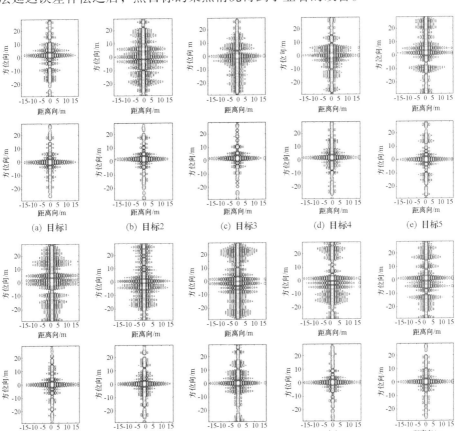

图 7.11　点目标粗聚焦成像结果与精确聚焦成像结果对比

　　为了进一步定量验证所提方法，统计理想情况下、粗聚焦情况下、精聚焦情况下对应的方位脉冲响应的分辨率、PSLR、ISLR，统计结果如图 7.12 所示（见彩插）。其中，绿色的实线表示理想情况下的结果，蓝色的点实线表示粗聚焦的结果，红色的星实线表示精聚焦的结果，三种颜色的虚线分别表示对应结果的平均值。从表 7.2 的统计结果可以看出，经过补偿处理，结果得到显著改善，分辨率从 3.10 m 降低到了 2.11 m，PSLR 从 −2.458 dB 降低到 −10.674 dB，ISLR 从 2.936 dB 降低到 −5.825 dB。对于图 7.12，需要说明的是：由于扰动对流层延迟相位的影响，个别点目标脉冲响应的主瓣出现分裂，因此对应的分辨率出现优于理想分辨率的情况，这种情况如顶部的子图所示；由于扰动对流层延迟相位的影响，部分点目标主瓣显著变窄，旁瓣抬高，因此会出现正 ISLR 的情况，这种情况如底部的子图所示。

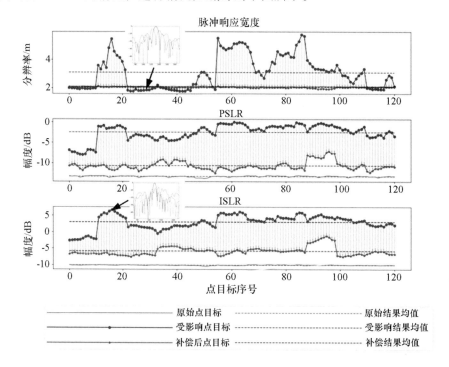

图 7.12　不同情况下方位脉冲响应的定量评估

表 7.2　不同情况下点目标评估结果的平均值统计

类型	分辨率/m	PSLR/dB	ISLR/dB
理想情况	2.105	-13.295	-10.058
粗聚焦情况	3.101	-2.458	2.936
精确聚焦情况	2.105	-10.674	-5.825

根据以上分析可以得出结论，在点目标场景中，block-MDA 能够很好地估计与补偿二维空变的扰动对流层延迟相位。

7.4.2　GEO SAR 实际图像数据

在本节中，为了进一步验证所提方法的性能，引入 Sentinel 在西班牙 Zaragoza 山脉附近获取的一幅 SAR 图像，如图 7.14（a）所示。在 GEO SAR 系统下，该图像对应的理论分辨率为方位向 4.43 m，斜距向 1.66 m。按照图 7.7 所示流程，首先生成了扰动对流层影响下的粗聚焦图像，扰动对流层的二维分布如图 7.13（a）所示（见彩插），对应的粗聚焦图像如图 7.14（b）所示。然后，将粗聚焦图像输入 block-MDA 的处理流程中，可以估计得到二维的估计相位，如图 7.13（b）所示（见彩插）。进一步计算了估计相位与原始相位之间的差分相位，如图 7.13（c）所示（见彩插）。与点目标的实验仿真结果类似，估计相位能够很好地跟随原始相位的变化趋势。相比于原始相位误差，两者的差分相位显著减小。然后，利用估计相位补偿扰动对流层延迟引入的影响，进而得到精确聚焦的 SAR 图像，结果如图 7.14（c）所示。可以看出，在粗聚焦图像中受到扰动对流层影响出现了图像散焦现象，而这一影响在精聚焦图像中得到了很好的补偿。为了进一步说明补偿的效果，从图 7.14（b）与（c）中筛选部分典型区域进行展示，其结果如图 7.15 所示。通过对比可以看出，由于扰动对流层的影响，粗聚焦图像中强散射点出现了明显的散焦，丢失了场景的地理轮廓信息，对周围场景的判读造成了影响。特别是在水体与陆地明暗交界的区域以及绵延的山脉区域表现较为明显，而这一影响在精聚焦图像中得到了很好的抑制。

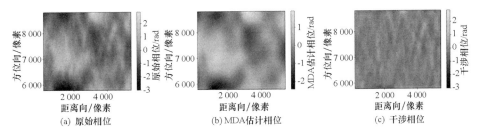

图 7.13　实际图像数据仿真中的相位信息

(a) 原始图像　　　　　　(b) 粗聚焦图像　　　　　　(c) 精聚焦图像

图 7.14　Zaragoza 山脉附近区域的原始图像、粗聚焦图像、精聚焦图像

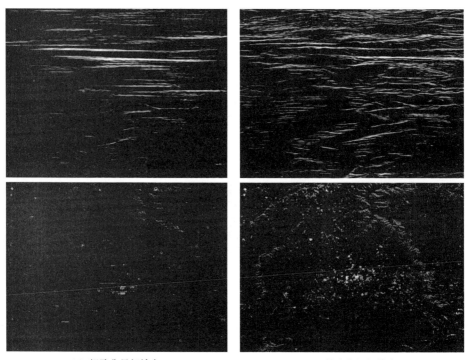

(a) 粗聚焦局部放大　　　　　　　　　　(b) 精聚焦局部放大

图 7.15　粗聚焦图像与精聚焦图像对比

由此可以得出结论，二维扰动对流层延迟误差会导致 SAR 图像中不同距离、方位位置处出现不同程度的散焦。block - MDA 能够有效地估计与补偿二维扰动对流层延迟误差，进而显著改善图像的聚焦质量。

7.5　本章小结

为了解决 SAR 成像处理过程中，二维扰动对流层延迟误差的估计与补偿问题，本章提出了一种 block – MDA，该方法将粗聚焦图像数据划分成子带与子块，通过 MDA 得到相位误差的二阶系数，然后通过方位向与距离向的积分与插值得到二维的相位误差，进一步通过补偿处理得到精聚焦的 SAR 图像。最后，利用 LEO SAR 点阵目标图像与 GEO SAR 实际图像数据的仿真实验，验证了所提方法的有效性。

第 8 章
结束语

GEO SAR 运行在约 36 000 km 高度的地球同步轨道上，具有超大的瞬时观测范围、超长的合成孔径时间、快速重访等特点。相比于经典的 LEO SAR 系统，GEO SAR 在山体滑坡、泥石流、水灾、地震、泥石流等自然灾害监测、敏感区域监测、动目标跟踪指示等方面具有巨大的潜在优势。然而，这些优势同时也带来了信号建模、回波仿真、成像处理、大气传播等诸多方面的技术挑战。本书针对经典 LEO SAR 系统模型不准确、算法精度不够等问题，提出了相应的解决办法，实现了高精度的 GEO SAR 全流程仿真与处理，以期为 GEO SAR 系统的研制与应用提供数据与理论支持。本章针对上述研究内容进行总结与展望。

8.1 总 结

本书主要开展的工作包括以下几个方面。

一是信号建模。经典的 SAR 理论多是基于方位时不变的假设而展开的，但是在 GEO SAR 系统中，由于轨道弯曲和地球自转的影响，方位时不变的假设已不成立，需要采用更为精确的方位时变模型。针对从方位时不变到方位时变过程中 SAR 系统所面临的问题，本书首先搭建了时变的 GEO SAR 几何架构，引入了适用于弯曲轨迹的高阶泰勒展开斜距模型，以替代基于线性轨迹的斜距模型；其次在几何建模的基础上，重新建模和推导了 SAR 系统的部分参数（速度参数、合成孔径参数、角度参数、方位向参数、分辨率参数等），为之后精确的信号仿真与处理做准备；最后结合级数反演方法，推导了高阶泰勒展开斜距模型对应的二维频域模型，以及经典相位的表达式（距离压缩、方位压缩、二次距离压缩、距离徙动等）。

二是回波仿真。传统的回波仿真方法根据生成域的不同可以划分为时域方法和频域方法。其中，时域方法是针对场景内的所有目标进行逐点仿真，可生成精确的回波数据，但处理效率低；而频域方法多是基于方位时不变假设，效率很高，但数据不够准确。本书提出了基于 ReBP 算法的时域回波仿真方法，以满足 GEO SAR 在精度和效率方面需求。首先，介绍了 ReBP 算法的处理流程及插值过程的优化；分析了 ReBP 的频谱特性，通过超高分辨回波仿真实验证明其具有很好的频谱保持能力；补偿了 GEO SAR 几何结构下"停 – 走 – 停"假设引入的误差；对比了 ReBP 与 BP 算法的计算效率。其次，分析了 GEO SAR 回波数据的空变误差来源；通过对比 LEO SAR 与 GEO SAR 系统下逆向 CS 和 ReBP 生成的回波数据，证明 ReBP 能够精确地仿真几何结构引入的空变误差；通过改进 ReBP 算法插值过程，将对流层延迟影响引入回波数据中；通过 TOPS 模式回波数据仿真，验证了 ReBP 算法的多模式仿真能力。最后，以仿真的杂波数据和 Sentinel – 1 实测数据为输入，验证了 ReBP 算法的准确性。

三是成像处理。本书针对 GEO SAR 超长的合成孔径时间、弯曲轨迹、地球自转等因素造成的方位向空变问题展开研究，分别从频域和时域对二维空变的回波数据进行成像处理。频域成像处理时，在高阶泰勒展开模型的基础上，建立了 GEO SAR 回波数据的二维空变模型，进一步结合之前所推导的经典相位表达式，分析了距离空变、方位空变对于各个相位的影响。在此基础上，针对不同程度的方位向空变，分别提出了 RD – ACS 和 ωK – 3ACS 两种 GEO SAR 成像处理算法，最后通过点阵目标仿真实验，验证了算法的准确性。时域成像处理时，采用每个像素点单独定标的方法满足 GEO SAR 成像精度需求，进一步通过二维最小二乘法拟合实现了快速定标处理，同时优化相位计算、波束投影计算，通过插值方法减少了计算冗余，提高了运算效率。

四是对流层传播影响建模。在经典 SAR 数据处理时，通常将对流层传播引入的影响近似为一个 2.3 m 的固定延迟。对于 GEO SAR 而言，其大测绘带、长合成孔径时间的特点决定了其应用时需要考虑对流层自身的空间变化、短时间变化、长时间变化等因素所引入的影响。本书将对流层延迟划分为确定性的背景延迟分量与随机性的扰动延迟分量，又将确定性分量进一步划分为静水延迟和湿延迟部分，随机扰动分量划分为静止和非静止部分。对于确定性分量，结合最新的 GPT2w 经验型全球气象数据模型，通过 Saastamoinen 模型和 Askne 模型可以计算出任意一天、全球任意位置处对应的天顶静水延迟和天顶湿延迟，进一步结合 Vienna 投影函数可以得到 SAR 相应入射角下的斜距延迟。对于随机扰动分量，首先通过 Matérn 协方差函数实现静态分量的建模，进一步地结合随机走动过程实现非静止分量的建模。在此基础上，分别分析了背景对流层分量静止误差和变化误差对 GEO SAR 系统的影响，并通过蒙特卡洛仿真分析随机扰动分量对 GEO SAR 方位脉冲响应的影响；结合 ReBP 算法，生成了对流层传播影响下的回波数据，成像处理结果验证了对流层模型的有效性。

五是对流层传播影响补偿。考虑到对流层扰动引入的二维空变延迟，本书尝试通过改进的 MDA 进行相位估计与补偿。首先，对聚焦图像划分子带、子块，通过 MDA 估计每一个图像子块的二阶相位系数；其次，通过插值得到整个图像相位的二阶导数，利用积分实现对流层扰动相位的二维整体变化趋势估计；最后，通过方位向解压缩 – 相位相乘 – 方位向压缩处理，实现二维空变相位误差补偿，相关仿真实验验证了该方法的有效性。

8.2 展 望

从 2011 年至今，作者一直从事 GEO SAR 信号处理方面的研究，逐步实现了经典 SAR 方位时不变系统到 GEO SAR 方位时变系统建模的转变。在此过程中，力求准确，尽量减少与避免传统建模和处理思路对 GEO SAR 系统的影响。但在某些方面，不尽如人意，部分模型和方法仍存在近似处理的情况，不能反映 GEO SAR 信号的最真实状态。关于本书所涉及研究方向，作者的思考以及未来研究展望如下。

一是基于 ReBP 的回波仿真。目前本书只考虑了几何架构、获取模式、传播等因素对于回波相位层面的影响，而没有考虑地面高程、波段、入射角度的变化所引起的后向散射、阴影、叠掩等幅度方面的变化，如何进行更精确的三维建模将是下一阶段回波仿真研究的重点。

二是 SAR 系统方位时不变到方位时变的转变。随着收发分置、广域高分辨、中高轨、GEO 等 SAR 系统的发展，SAR 信号处理的基本模型从方位时不变到方位时变的转变势在必行。尤其是在成像处理方面，除 BP 算法之外，急需探索一条新的普遍适用于方位时变的成像处理算法。

三是时空变化的对流层传播建模。本书虽然搭建了对流层时空变化模型的整体架构，但是对于某些细节方面还未做深入的考虑，例如，雨、雾、风等天气因素对对流层延迟的影响，昼夜变化对对流层扰动幅度的影响，城市热岛效应对局部对流层传播的影响等相关模型都有待进一步探索，有待与大气传播领域进行更深入的知识交叉。

四是对流层扰动延迟二维空变的估计。虽然可以通过 MDA 进行整体变化趋势的估计，但无法有效估计局部范围内相位的精细变化。因此，需要进一步考虑局部区域的相位估计策略，例如，引入对相位变化更敏感的 PGA 方法等。此外，现有估计方法只关注了对流层的综合影响，如需考虑整个合成孔径内的时变相位，还需展开进一步深入的思考。

参考文献

REFERENCES

[1] TOMIYASU K, PACELLIJ L. Synthetic Aperture Radar Imaging from an Inclined Geosynchronous Orbit[J]. IEEE Transactions on Geoscience and Remote Sensing, 1983, GE –21(3): 324 –329.

[2] KOU L, WANG X, XIANG M, et al. Interferometric Estimation of Three-Dimensional Surface Deformation using Geosynchronous Circular SAR[J]. IEEE Transactions on Aerospace and Electronic Systems, 2012, 48(2): 1619 – 1635.

[3] RODON J R, BROQUETAS A, MAKHOUL E, et al. Nearly Zero Inclination Geosynchronous SAR Mission Analysis With Long Integration Time for Earth Observation[J]. IEEE Transactions on Geoscience and Remote Sensing, 2014, 52(10): 6379 –6391.

[4] TOMIYASU K. Synthetic aperture radar in geosynchronous orbit[C], 1978.

[5] PRATI C, ROCCA F, GIANCOLAD, et al. Passive geosynchronous SAR system reusing backscattered digital audio broadcasting signals[J]. IEEE Transactions on Geoscience and Remote Sensing, 1998, 36 (6): 1973 –1976.

[6] MADSENS N, EDELSTEIN W, DIDOMENICO L D, et al. A geosynchronous synthetic aperture radar; for tectonic mapping, disaster management and measurements of vegetation and soil moisture[C]//IEEE 2001 International Geoscience and Remote Sensing Symposium, 2001, 1: 447 –449.

[7] Global Earthquake Satellite System, GESS[EB/OL]. https://solidearth.jpl. nasa.gov/GESS/3123 GESS Rep 2003.pdf.

[8] KRIEGER G, FIEDLER H, CASSOLA M R, et al. System concepts for bi-

and multi-static SAR missions[C]// International Radar Symposium (IRS).
German Institute of Navigation, 2003: 331－339.

[9] Spaceborne earth surveillance radar systems[EB/OL]. http://www. vega.
su/publ/Verba English Summary 1－13. pdf.

[10] BRUNO D, HOBBS S E. Radar Imaging From Geosynchronous Orbit:
Temporal Decorrelation Aspects[J]. IEEE Transactions on Geoscience and
Remote Sensing, 2010, 48(7): 2924－2929.

[11] HOBBS S, MITCHELL C, FORTE B, et al. System Design for
Geosynchronous Synthetic Aperture Radar Missions[J]. IEEE Transactions
on Geoscience and Remote Sensing, 2014, 52(12): 7750－7763.

[12] HOBBS S. Laplace Plane GeoSAR Feasibility Study[R]. Cranfield Space
Research Centre, Cranfield University, 2014. http://www. cranfieldspace.
co. uk/.

[13] HOBBSS E, SANCHEZ J P, KINGSTON J. Extended lifetime Laplace plane
GEO SAR mission design[C]//IET International Radar Conference 2015,
2015: 1－4.

[14] RODON J R, BROQUETAS A, GUARNIERI A M, et al. Geosynchronous
SAR Focusing With Atmospheric Phase Screen Retrieval and Compensation
[J]. IEEE Transactions on Geoscience and Remote Sensing, 2013, 51(8):
4397－4404.

[15] RECCHIA A, GUARNIERI A M, BROQUETAS A, et al. Assesment of
atmospheric phase screen impact on Geosynchronous SAR[C]//2014 IEEE
Geoscience and Remote Sensing Symposium, 2014: 2253－2256.

[16] RECCHIA A, GUARNIERI A M, BELOTTI M, et al. Demonstrative
geosynchronous SAR products affected by clutter and APS decorrelation
[C]//2015 IEEE International Geoscience and Remote Sensing Symposium
(IGARSS), 2015: 1265－1268.

[17] RECCHIA A, GUARNIERI A M, BROQUETAS A, et al. Impact of Scene
Decorrelation on Geosynchronous SAR Data Focusing[J]. IEEE Transactions
on Geoscience and Remote Sensing, 2016, 54(3): 1635－1646.

[18] RODONJ R, BROQUETAS A, GUARNIERI A M, et al. A Ku-band
geosynchronous Synthetic Aperture Radar mission analysis with medium

transmitted power and medium-sized antenna［C］//2011 IEEE International Geoscience and Remote Sensing Symposium. 2011：2456 – 2459.

［19］ RODON J R, BROQUETAS A, GUARNIERI A M, et al. Bistatic Geosynchronous SAR for land and atmosphere continuous observation［C］// 10th European Conference on Synthetic Aperture Radar, 2014：1 – 4.

［20］ GUARNIERI A M, LEANZA A, RECCHIA A, et al. A quasi-geostationary SAR：Benefits and challanges［C］//IET International Radar Conference 2015, 2015：1 – 3.

［21］ GUARNIERI A M, BROQUETAS A, RECCHIA A, et al. Advanced Radar Geosynchronous Observation System：ARGOS［J］. IEEE Geoscience and Remote Sensing Letters, 2015, 12(7)：1406 – 1410.

［22］ GUARNIERI A M, BOMBACI O, CATALANO T F, et al. ARGOS：A fractioned geosynchronous SAR［J］. Acta Astronautica, 2015：1 – 14.

［23］ The GeoSTARe Introduction［EB/OL］. http：//geolab. como. polimi. it/page id = 1906.

［24］ 李财品, 张洪太, 陈文新. 地球同步轨道 SAR 回波建模与仿真［J］. 中国雷达, 2009(3)：46 – 50.

［25］ 李财品, 张洪太, 谭小敏. 地球同步轨道合成孔径雷达特性分析［J］. 通信与信息技术, 2009(21)：1 – 4.

［26］ 郑经波, 宋红军. 地球同步轨道星载 SAR 多普勒特性分析［J］. 电子与信息学报, 2011(4)：810 – 815.

［27］ 寇雷蕾, 王小青. 地球同步轨道寄生 SAR 系统的若干关键技术研究［J］. 电子学报, 2009(12)：2725 – 2729.

［28］ 胡程, 刘志鹏. 一种精确的地球同步轨道 SAR 成像聚焦方法［J］. 工兵学报, 2010(A2)：28 – 32.

［29］ 裴磊, 高立宁. 基于相位扫描的 GEO SAR 多普勒中心频率高精度补偿方法［J］. 北京理工大学学报, 2010, 30(6)：741 – 745.

［30］ HU C, LONG T, ZENG T, et al. The Accurate Focusing and Resolution Analysis Method in Geosynchronous SAR［J］. IEEE Transactions on Geoscience and Remote Sensing, 2011, 49(10)：3548 – 3563.

［31］ MAO E K, LONG T, ZENG T, et al. State-of-art of Geosynchronous SAR［J］. Signal processing, 2012：451 – 460.

[32] BAO M, LIAO Y, TIAN Z J, et al. Imaging Algorithm for GEO SAR Based on Series Reversion [C]//Proceedings of 2011 IEEE CIE international conference on radar, 2011: 1493 – 1497.

[33] HU C, LIU Z, LONG T. An Improved CS Algorithm Based on the Curved Trajectory in Geosynchronous SAR[J]. IEEE Journal of Selected Topics in Applied Earth Observations and Remote Sensing, 2012, 5(3): 795 – 808.

[34] SUN G C, XING M, WANG Y, et al. A 2 – D Space-Variant Chirp Scaling Algorithm Based on the RCM Equalization and Subband Synthesis to Process Geosynchronous SAR Data [J]. IEEE Transactions on Geoscience and Remote Sensing, 2014, 52(8): 4868 – 4880.

[35] LI D, WU M, SUN Z, et al. Modeling and Processing of Two-Dimensional Spatial-Variant Geosynchronous SAR Data[J]. IEEE Journal of Selected Topics in Applied Earth Observations and Remote Sensing, 2015, 8(8): 3999 – 4009.

[36] HU B, JIANG Y, ZHANG S, et al. Generalized Omega-K Algorithm for Geosynchronous SAR Image Formation[J]. IEEE Geoscience and Remote Sensing Letters, 2015, 12(11): 2286 – 2290.

[37] KOU L, XIANG M, WANG X, et al. Tropospheric effects on L-band geosynchronous circular SAR imaging[J]. IET Radar, Sonar Navigation, 2013, 7(6): 693 – 701.

[38] KOU L, XIANG M, WANG X. Ionospheric effects on three-dimensional imaging of L-band geosynchronous circular synthetic aperture radar[J]. IET Radar, Sonar Navigation, 2014, 8(8): 875 – 884.

[39] JIANG M, HU W, DING C, et al. The Effects of Orbital Perturbation on Geosynchronous Synthetic Aperture Radar Imaging[J]. IEEE Geoscience and Remote Sensing Letters, 2015, 12(5): 1106 – 1110.

[40] SUN Z, WU J, PEI J, et al. Inclined Geosynchronous Spaceborne - Airborne Bistatic SAR: Performance Analysis and Mission Design [J]. IEEE Transactions on Geoscience and Remote Sensing, 2016, 54(1): 343 – 357.

[41] HU C, TIAN Y, YANG X, et al. Background Ionosphere Effects on Geosynchronous SAR Focusing: Theoretical Analysis and Verification Based on the BeiDou Navigation Satellite System (BDS) [J]. IEEE Journal of

Selected Topics in Applied Earth Observations and Remote Sensing, 2016, 9 (3): 1143 – 1162.

[42] DONG X, HU C, TIAN Y, et al. Experimental Study of Ionospheric Impacts on Geosynchronous SAR Using GPS Signals[J]. IEEE Journal of Selected Topics in Applied Earth Observations and Remote Sensing, 2016, 9(6): 2171 – 2183.

[43] CHEN J, SUN G C, XING M, et al. A Parameter Optimization Model for Geosynchronous SAR Sensor in Aspects of Signal Bandwidth and Integration Time[J]. IEEE Geoscience and Remote Sensing Letters, 2016, 13(9): 1374 – 1378.

[44] LI C, HE M. Timing design for geosynchronous SAR [J]. Electronics Letters, 2016, 52(10): 868 – 870.

[45] TanDEM L, Satellite Mission Proposal for Monitoring Dynamic Processes on the Earth's Surface[EB/OL]. www. DLR. de/HR.

[46] HE F, MAX L, DONG Z, et al. Digital beamforming on receive in elevation for multidimensional waveform encoding SAR sensing[J]. IEEE Geoscience and Remote Sensing Letters, 2014, 11(12): 2173 – 2177.

[47] MOREIRA A, IRAOLA P P, YOUNIS M, et al. A tutorial on synthetic aperture radar[J]. IEEE Geoscience and Remote Sensing Magazine, 2013, 1(1): 6 – 43.

[48] ELACHI C, BICKNELL T, JORDAN R L, et al. Sapceborne synthetic-aperture imaging radars: Applications, techniques, and technology [J]. Proceedings of the IEEE, 1982: 1174 – 1209.

[49] FERRETTI A, PRATI C, ROCCA F. Nonlinear Subsidence Rate Estimation Using Permanent Scatterers in Differential SAR Interferometry [J]. IEEE Transactions on Geoscience and Remote Sensing, 2000, 38(5): 2202 – 2212.

[50] FERRETTI A, PRATI C, ROCCA F. Permanent scatterers in SAR interferometry[J]. IEEE Transactions on Geoscience and Remote Sensing, 2001, 39(1): 8 – 20.

[51] MASSONNET D, ROSSI M, CARMONA C. The Displacement FIled of the Landers Earthquake Mapped by Radar Interferometry [J]. Nature, 1993, 364: 138 – 142.

[52] TOMIYASU K. Tutorial review of synthetic-aperture radar (SAR) with applications to imaging of the ocean surface[J]. Proceedings of the IEEE, 1978, 66: 563 – 583.

[53] WAY J, RIGNOT E J M, MCDONALD K C, et al. Evaluating the type and state of Alaska taiga forests with imaging radar for use in ecosystem models [J]. IEEE Transactions on Geoscience and Remote Sensing, 1994, 32(2): 353 – 370.

[54] ASKNEJ I H, DAMMERT P B G, ULANDER L M H, et al. C-band repeat-pass interferometric SAR observations of the forest[J]. IEEE Transactions on Geoscience and Remote Sensing, 1997, 35(1): 25 – 35.

[55] TOAN T L, RIBBES F, WANG L, et al. Rice crop mapping and monitoring using ERS-1 data based on experiment and modeling results[J]. IEEE Transactions on Geoscience and Remote Sensing, 1997, 35(1): 41 – 56.

[56] LEINSS S, WIESMANN A, LEMMETYINEN J, et al. Snow water equivalent of dry snow measured by differential interferometry[J]. IEEE Journal of Selected Topics in Applied Earth Observations and Remote Sensing, 2015, 8(8): 3773 – 3790.

[57] 保铮, 邢孟道, 王彤. 雷达成像技术[M]. 北京: 电子工业出版社, 2005.

[58] 张澄波. 综合孔径雷达原理、系统分析与应用[M]. 北京: 科学出版社, 1989.

[59] 魏钟铨. 合成孔径雷达卫星[M]. 北京: 科学出版社, 2001.

[60] CARRARA W C, GOODMAN R S, MAJEWSKI R M. Spotlight Synthetic Aperture Radar: Signal processing algorithms[M]. Boston: Artech House, 1995.

[61] JAKOWATZ C V J, WAHLD E, EICHELP H, et al. Spotlight-Mode Synthetic Aperture Radar: A Signal Processing Approach[M]. New York: Springer US, 1996.

[62] CUMMING I G, WONG F H. Digital Processing of Synthetic Aperture Radar Data: Algorithms and Implementation[M]. Boston: Artech House, 2005.

[63] CURLANDER J. 合成孔径雷达: 系统与信号处理[M]. 北京: 电子工业出版社, 2006.

［64］ 郗晓宁，王威. 近地航天器轨道基础［M］. 长沙：国防科技大学出版社，2003.

［65］ WONG F H, CUMMINC I G, NEO Y L. Focusing Bistatic SAR Data Using the Nonlinear Chirp Scaling Algorithm［J］. IEEE Transactions on Geoscience and Remote Sensing, 2008, 46(9): 2493 – 2505.

［66］ FENG H, QI C, ZHEN D, et al. Modeling and high-precision processing of the azimuth shift variation for spaceborne HRWS SAR［J］. Science China Information Science, 2012, 56(10): 1 – 12.

［67］ 陈祺. 星载多模式合成孔径雷达成像技术研究［D］. 长沙：国防科学技术大学，2013.

［68］ FRANCESCHETTI G, MIGLIACCIO M, RICCIO D. The SAR simulation: an overview［C］//Geoscience and Remote Sensing Symposium, 1995, 3: 2283 –2285.

［69］ FRANCESCHETTI G, MIGLIACCIO M, RICCIO D. SAR raw signal simulation of actual ground sites described in terms of sparse input data［J］. IEEE Transactions on Geoscience and Remote Sensing, 1994, 32(6): 1160 –1169.

［70］ ZENG T, HU C, SUN H, et al. A Novel Rapid SAR Simulator Based on Equivalent Scatterers for Three-Dimensional Forest Canopies［J］. IEEE Transactions on Geoscience and Remote Sensing, 2014, 52(9): 5243 –5255.

［71］ DUMONT R, GUEDAS C, THOMAS E, et al. DIONISOS. An end-to-end SAR Simulator［C］//Synthetic Aperture Radar (EUSAR), 2010: 1 –4.

［72］ MORI A, VITA F D. A time-domain raw signal Simulator for interferometric SAR［J］. IEEE Transactions on Geoscience and Remote Sensing, 2004, 42 (9): 1811 –1817.

［73］ SPECK R, HAGER M, GARCIA M, et al. An end-to-end-simulator for spaceborne SARsystems［C］. Germany: Proc. EUSAR, 2002: 237 –239.

［74］ ANGLBERGER H, SPECK R, SUESS H. Applications of simulation techniques for high resolution SAR systems［C］//2012 IEEE International Geoscience and Remote Sensing Symposium, 2012: 5187 –5190.

［75］ CIMMINO S, FRANCESCHETTI G, IODICE A, et al. Effcient spotlight SAR raw signal simulation of extended scenes［J］. IEEE Transactions on Geoscience and Remote Sensing, 2003, 41(10): 2329 –2337.

［76］ MOREIRA A, HUANG Y H. Airborne SAR processing of highly squinted data using a chirp scaling approach with integrated motion compensation[J]. IEEE Trans Geosci Remote Sens, 1994, 32(5): 1029 – 1040.

[77] CASSOLA M R, PRATS P, KRIEGER G, et al. Effcient time-domain image formation with precise topography accommodation for general bistatic SAR configurations[J]. IEEE Trans Aerosp Electron Syst, 2011, 24(3): 218 – 223.

[78] IRAOLAP P, SCHEIBER R, CASSOLA M R, et al. On the Processing of Very High Resolution Spaceborne SAR Data[J]. IEEE Trans Geosci Remote Sens, 2014, 52(10): 6003 – 6016.

[79] SUN G C, XING M, WANG Y, et al. A 2-D Space-Variant Chirp Scaling Algorithm Based on the RCM Equalization and Subband Synthesis to Process Geosynchronous SAR Data[J]. IEEE Tran Geosci Remote Sens, 2014, 52(8): 4868 – 4880.

[80] SKOLNIK M I. Radar Handbook[M]. New York: McGraw-Hill, 2008.

[81] HARGER R O. Synthetic Aperture Radar Systems: theory and Design[M]. New York: Academic Press, 1970.

[82] PRATI C, ROCCA F, CAFFORIO C. Synthetic Aperture Radar a New Application forWave Equation Techniques[J]. Geophysical Prospecting, 1989, 37(7): 809 – 830.

[83] RUNGE H, BAMLER R. A Novel High Precision SAR Focussing Algorithm Based On Chirp Scaling[C]//Geoscience and Remote Sensing Symposium, 1992, 1: 372 – 375.

[84] CUMMING I, WONG F, RANEY K. A SAR Processing Algorithm With No Interpolation[C]//Geoscience and Remote Sensing Symposium, 1992, 1: 376 – 379.

[85] YEOT S, TAN N L, ZHANG C B, et al. A new subaperture approach to high squint SAR processing[J]. IEEE Transactions on Geoscience and Remote Sensing, 2001, 39: 954 – 968.

[86] ULANDER L M H, HELLSTEN H, STENSTROM G. Synthetic-aperture radar processing using fast factorized back-projection[J]. IEEE Transactions on Aerospace and Electronic Systems, 2003, 39(3): 760 – 776.

[87] MUNSON D C, O'BRIEN J D, JENKINS W K. A tomographic formulation of spotlight-mode synthetic aperture radar[J]. Proceedings of the IEEE,

1983, 71(8): 917 - 925.

[88] CASSOLA M R, PRATS P, KRIEGER G, et al. Effcient Time-Domain Image Formation with Precise Topography Accommodation for General Bistatic SAR Configurations [J]. IEEE Transactions on Aerospace and Electronic Systems, 2011, 47(4): 2949 - 2966.

[89] 李德鑫, 孙造宇, 何峰, 等. 一种方位时变 GEO SAR 成像处理新算法 [J]. 宇航学报, 2014, 35(9): 1065 - 1071.

[90] ALBUQUERQUE M, PRATS P, SCHEIBER R. Applications of Time-Domain Back-Projection SAR Processing in the Airborne Case [C]//7th European Conference on Synthetic Aperture Radar, 2008: 1 - 4.

[91] CASSOLA M R, BAUMGARTNER S V, KRIEGER G, et al. Bistatic TerraSAR-X/FSAR Spaceborne Airborne SAR Experiment: Description, Data Processing, and Results [J]. IEEE Transactions on Geoscience and Remote Sensing, 2010, 48(2): 781 - 794.

[92] HANSSEN R. Radar Interferometry: Data Interpretation and Error Analysis [M]. Dordrecht, Netherlands: Kluwer, 2001.

[93] BREIT H, FRITZ T, BALSS U, et al. TerraSAR-X SAR Processing and Products [J]. IEEE Transactions on Geoscience and Remote Sensing, 2010, 48(2): 727 - 740.

[94] IRAOLA P P, SCHEIBER R, CASSOLA M R, et al. On the Processing of Very High Resolution Spaceborne SAR Data [J]. IEEE Transactions on Geoscience and Remote Sensing, 2014, 52(10): 6003 - 6016.

[95] RODON J R, BROQUETAS A, GUARNIERI A M, et al. Geosynchronous SAR Focusing With Atmospheric Phase Screen Retrieval and Compensation [J]. IEEE Transactions on Geoscience and Remote Sensing, 2013, 51(8): 4397 - 4404.

[96] BOEHM J, HEINKELMANN R, SCHUH H. Short Note: A global model of pressure and temperature for geodetic applications [J]. Journal of Geodesy, 2007, 81(10): 679 - 683.

[97] LAGLER K, SCHINDELEGGER M, BOEHM J, et al. GPT2: Empirical slant delay model for radio space geodetic techniques [J]. Geophysical Research Letters, 2013, 40(6): 1069 - 1073.

［98］ BOHM J, MOLLER G, SCHINDELEGGER M, et al. Development of an improved empirical model for slant delays in the troposphere (GPT2w)［J］. GPS Solutions, 2015, 19(3): 433 – 441.

［99］ SAASTAMOINEN J. Atmospheric Correction for Troposphere and Stratosphere in Radio Ranging of Satellites［C］//Washington DC American Geophysical Union Geophysical Monograph Series, 1972, 15: 247 – 251.

［100］ DAVIS J L, HERRING T A, SHAPIRO I I, et al. Geodesy by radio interferometry: Effects of atmospheric modeling errors on estimates of baseline length［J］. Radio Science, 1985, 20(6): 1593 – 1607.

［101］ ASKNE J, NORDIUS H. Estimation of tropospheric delay for microwaves from surface weather data［J］. Radio Science, 1987, 22(3): 379 – 386.

［102］ BOEHM J, WERL B, SCHUH H. Troposphere mapping functions for GPS and very long baseline interferometry from European Centre for Medium-Range Weather Forecasts operational analysis data［J］. Journal of Geophysical Research: Solid Earth, 2006, 111(B2).

［103］ RASMUSSEN C F, WILLIAMSC K. Gaussian processes for machine learning［M］. Cambridge, Mass: MIT press, 2006.

［104］ BEAN B R, DUTTON E J. Radio Meteorology［M］. New York: Dover, 1968.

［105］ SMITH E K, WEINTRAUB S. The Constants in the Equation for Atmospheric Refractive Index at Radio Frequencies［J］. Proceedings of the IRE, 1953, 41(8): 1035 – 1037.

［106］ MENDES V. Modeling the Neutral-Atmospheric Propagation Delay in Radiometric Space Techniques［D］. Brunswick: University of New Brunswick, 1999.

［107］ LEANDRO R L, LANGLEY R B, SANTOS M C. UNB3m pack: a neutral atmospher delay package for radiometric space techniques［J］. GPS Solutions, 2008, 12(1): 65 – 70.

［108］ CASSOLA M R, IRAOLA P P, JAGER M, et al. Estimation of tropospheric delays using synthetic aperture radar and squint diversity［C］// 2013 IEEE International Geoscience and Remote Sensing Symposium-IGARSS, 2013: 4491 – 4494.

[109] KOLMOGOROV A N. Dissipation of Energy in the Locally Isotropic Turbulence[J]. Proceedings: Mathematical and Physical Sciences, 1991, 434(1890): 15 – 17.

[110] TATARSKI V I. Wave Propagation in a Turbulent Medium[M]. New York: McGraw-Hill, 1968.

[111] KNOSPE S, JONSSON S. Covariance Estimation for dInSAR Surface Deformation Measurements in the Presence of Anisotropic Atmospheric Noise [J]. IEEE Transactions on Geoscience and Remote Sensing, 2010, 48 (4): 2057 – 2065.

[112] LUHAR A K, BRITTER R E. A random walk model for dispersion in inhomogeneous turbulence in a convective boundary layer[J]. Atmos Environ, 1989, 23: 1911 – 1924.

[113] THOMSON D J, PHYSICK W L, MARYON R H. Treatment of interfaces in random walk dispersion models[J]. J Appl Meteor Climatol, 1997, 36: 1284 – 1295.

[114] GEORGE W K. Lectures in Turbulence for the 21st Century[M]. London: Imperial College of London, 2013.

[115] CHAN K M, WOOD R. The seasonal cycle of planetary boundary layer depth determined using COSMIC radio occultation data[J]. J Geophys Res Atomos, 2013, 118: 12422 – 12434.

[116] ZELENAKOVA M, PURCZ P, HLAVATA H. Climate change in urban versus rural areas[J]. Procedia Eng, 2015, 119: 1171 – 1180.

[117] HAURWITZ B, COWLEY A D. The diurnal and semidiurnal barometric oscillations global distribution and annual variation[J]. Pure and applied geophysics, 1973, 102(1): 193 – 222.

[118] GOTTSCHE F M, OLESEN F S. Modelling of diurnal cycles of brightness temperature extracted from METEOSAT data[J]. Remote Sensing of Environment, 2001, 76(3): 337 – 348.

[119] EPHRATH J E, GOUDRIAAN J, MARANI A. Modelling diurnal patterns of air temperature, radiation wind speed and relative humidity by equations from daily characteristics[J]. Agricultural Systems, 1996, 51(4): 377 – 393.

[120] LI D, CASSOLA M R, IRAOLA P P, et al. Exact reverse backprojection for

SAR raw data generation of natural scenes [C]//2016 IEEE International Geoscience and Remote Sensing Symposium (IGARSS) , 2016 : 3258 – 3261.

[121]　LI D, CASSOLA M R, IRAOLA P P, et al. Exact Raw Data Generation of Natural Scenes using the Reverse Backprojection Algorithm [J]. IEEE Geoscience and Remote Sensing Letters, 2017, 14(11) : 2072 – 2076.

[122]　BEBDOR G A, GEDRA T W. Single-Pass Fine-Resolution SAR Autofocus [C]//Proceedings of IEEE National Aerospace and Electronics Conference NAECON, 1983 : 482 – 488.

[123]　CALLOWAY T C, DONOHOEG. Subaperture Autofocus for Synthetic Aperture Radar [J]. IEEE Transactions on Aerospace and Electronic Systems, 1994, 30(2) : 617 – 621.

[124]　DALL J. A new frequency domain autofocus algorithm for SAR[C]//Digest International Geoscience and Remote Sensing Symposium IGARSS, 1991 : 1069 – 1072.

[125]　WAHL D E, EICHEL P H, GHIGLIA D C, et al. Phase Gradient Autofocus : A Robust Tool for high resolution SAR phase Correction [J]. IEEE Transactions on aerospace and electronic systems, 1994, 30(3) : 827 – 835.

[126]　MACEDO K A C, SCHEIBER R, MOREIRA A. An autofocus approach for residual motion errors with application to airborne repeat-pass SAR interferometry[J]. IEEE Transactions on Geoscience and Remote Sensing, 2008, 46(10) : 3151 – 3161.

[127]　WAHL D E, JAKOWATZ C V. New approach to strip-map SAR autofocus[C]// Prceedings IEEE 6th Digital Signal Processing Workshop, 1994 : 53 – 56.

[128]　CHAN H L, YEO T S. Noniterative quality phase-gradient autofocus algorithm for spolight SAR Imagery[J]. IEEE Transactions on Geoscience and Remote Sensing, 1998, 36(5) : 1531 – 1539.

[129]　CASSOLA M R. Bistatic Synthetic Aperture Radar Data Processing[D]. Munich, Karlsruher Institute für Technologie, 2012.

[130]　GUEDAS C, CHABREDIER M, DUMONT R. A new use of the two-look internal hermitian product for discrimination between natural and artifical objects[C]//EUSAR 2014, 2014 : 628 – 631.